KB077340

토킹 어바웃: 위스키

토킹 어바웃: 위스키

가장 하이한 위스키 담론 18가지

찰스 머클레인 외 9명
이재욱 옮김

오픈하우스

목차

일러두기

- 이 책은 매년 영국에서 발행되는 위스키 전문 매거진 『Malt Whisky Yearbook』에서 전 세계 위스키 시장의 주요 이슈들에 대해 심도 있게 다룬 최근 몇 년간의 칼럼들을 모아 엮은 것입니다.
- 챕터가 끝날 때마다 해당 칼럼이 발표된 연도를 표기하였습니다.
- 독자분들에게 양해를 구해야 하는 점이 하나 있습니다. 우리나라에서 스코틀랜드 싱글 몰트 위스키 증류소 명칭은 아무래도 편의상 영어를 기준으로 독음한 것에 익숙할 수밖에 없는데, 이 책에서는 그런 방식을 따르지 않았습니다. 스코틀랜드에서 증류소 명칭은 거의 게일어를 그 기반으로 두고 있으며, 따라서 영어 독음은 맞지 않습니다. 다만 게일어 독음은 업계에서조차 의견이 갈리고 있어 책에서 제시한 발음을 기본으로 채택하되, 모호한 경우에는 비교적 권위 있는 『위스키 매거진』이나 게일어와 관련 문화를 연구하는 Sabhal Mò Ostaig 대학에서 제시하는 독음을 채택했습니다. 단 몇 가지 예외가 있는데, 이미 우리나라에 수입된 지 오래되어 기존 명칭이 통상 널리 확고하게 인정되는 경우는 해당 명칭을 따랐습니다.

스카치위스키, 세계를 제패하다

찰스 머클레인

처음엔 잉글랜드, 그다음엔 대영제국,
이후 전 세계로! 지난 150년 동안
스카치위스키는 다른 증류주와는 달리
전 세계에서 승전보를 전했다.
어떤 전략이 스카치위스키를 전 세계에서
사랑받는 술로 만들었을까?

19세기 말까지 잉글랜드는 위스키 증류업자들과 블렌딩 회사에게 '수출' 시장으로 간주되었다. 그래서 우리는 위스키 작가 로스 윌슨이 "태초부터 스카치위스키는 수출품이었다"라고 한 말에 동의할 수 있는 것이다.

19세기의 대부분 동안 아이리시 위스키는 영국 내수 시장을 장악했다. 스코틀랜드에서조차 증류주 소매상은 아이리시 위스키를 스카치위스키보다 세 배 더 많이 팔았다. 잉글랜드에서는 이 비율이 더욱 높았다. 로랜드의 여러 증류소는 단식 증류기를 통해 밀, 발아하지 않은 보리, 보리 맥아로 아이리시 위스키를 만들었다.

실제로 1860년대까지 잉글랜드로 들어오는 스카치위스키의 양은 무시해도 될 정도였다. 윈스턴 처칠은 이와 관련하여 유명한 말을 남겼다. "부친께선 스카치위스키는 입에도 대지 않으셨다오. 뇌조 사냥터나 다른 습하고 황량한 곳에 가시지 않는 한 말이오."

1860년대에 위스키는 아이리시와 스카치를 가리지 않고 노동자 계급의 술이었다. 마이클 모스 교수는 "스코틀랜드에서 많이 생산된 아이리시 위스키는 분명 1860년대에 스코틀랜드로 이주한 많은 아일랜드인의 요구에 부합하기 위한 것이었습니다"라고 주장했다. 그럴듯한 말이다. 다른 해설자들은 아이리시 위스키의 매력이(더불어 스카치위스키가 고전한 이유를) 풍미와 일관성에 있다고 했다. 유한회사 디스틸러스 컴퍼니Distillers Company Ltd.의 상무이사 윌리엄 로스는 1908년 왕립위원회에서 대중이 아이리시 위스키를 선호하는 이유에 관해 다음과 같이 말했다. "스타일이 일정불변하다는 게 인기의 주된 이유입니다." 이에 반해 스카치위스키는 서로 지나치게 달랐고, 스타일로 따져도 아이리시 위스키보다 더 묵직했다.

이 문제를 해결하는 방법은 여러 싱글 몰트위스키와 그레인위스키를 섞는 것이었다. 그렇게 하면 폭넓은 시장에 매력적인 풍미를 지닌 제품을

찰스 머클레인

만들 수 있고, 출시 때마다 품질이 다르지 않을 것이었다. 게다가 제품에 일관성이 있다면 브랜드로 성장하는 일도 가능하고, 상표를 등록하는 일도 가능하며 홍보도 할 수 있었다. 홍보에 관해 말하자면, 위스키 생산자들은 싸구려 선술집이나 주류 밀매점이 스카치위스키를 못 쓰게 하고, 스카치위스키를 '부끄럽지 않게' 바꿔야 할 과제를 안고 있었다.

브랜드로서 처음 등장한 스카치위스키는 1853년 출시된 '어셔스 올드 배티드 글렌리벳Usher's Old Vatted Glenlivet'이었다. 원래는 블렌디드 몰트였으나, 1860년 증류주법이 제정된 이후 보세* 상태인 싱글 몰트위스키와 그레인위스키를 혼합하는 일이 허용되자 진정한 블렌디드 스카치위스키가 되었다. 어셔의 손자는 1908년 왕립위원회에서 이렇게 말했다. "1860년 이전에는 잉글랜드에 판매하고자 수출하는 스카치위스키가 극히 적었지만, 그 이후로는 스카치위스키 무역이 대폭 늘어났습니다."

　블렌딩 회사들은 잉글랜드인들이 스코틀랜드인들보다 비교적 덜 거친 술을 선호한다는 걸 알게 되었다. 왕립위원회는 캠벨타운과 글래스고에 기반을 둔 그린리스 브라더스Greenlees Brothers의 새뮤얼 그린리스에게 다음과 같이 물었고, 새뮤얼은 이렇게 대답했다(참고로 그린리스 브라더스의 '론 위스키'는 상표로 등록된 최초의 위스키였고, 1870년대 런던에서 가장 인기 있는 위스키이기도 했다).

　"어떻게 해서 블렌디드 위스키를 만들고, 또 그걸 잉글랜드로 수출하게 되었습니까?"

　"당시 대중의 입맛에 맞추고자 위스키를 블렌딩하자는 생각을 하게 되었습니다. 시장에서 강세이던 아이리시 위스키는 스카치위스키보다 풍

●　관세의 부과가 보류되는 일.

미가 덜했습니다. 따라서 우리는 각각의 위스키를 시장에 내는 것보다 섞어서 풍미를 줄여 대중의 입맛에 부합하고자 했습니다."

새뮤얼의 말은 '블랙 앤 화이트'를 탄생시킨 제임스 뷰캐넌의 말과도 일맥상통한다.

"저는 소비자들의 미각을 즐겁게 하고자 충분히 오래 숙성되고 가벼운 위스키를 여럿 섞어 시장에 선보이자고 마음먹었습니다."

그가 숙성된 기간을 언급한 것에 주목할 필요가 있다. 당시 위스키는 숙성 기간에 관해 법적으로 요구하는 게 없었고, 대다수 위스키가 최소한의 숙성만 거치고 판매되었다.

뷰캐넌은 1879년 찰스 머킨리 앤 컴퍼니Charles Mackinlay & Co.의 중개인으로서 런던에 발을 들였지만, 5년 뒤엔 자신의 사업을 시작했다. 다만 그가 런던에 사무실을 연 첫 번째 인물은 아니었다. 아서 벨 앤 선스Arthur Bell & Sons Ltd 사의 아서 벨은 이미 1862년 런던에 중개인을 임명하고 사무실을 차린 바가 있었다. 중개인은 벨의 위스키들이 지나치게 '묵직하고', 알코올 느낌이 충분치 않다고 했다. 벨은 이에 자신이 만드는 위스키는 여러 해 숙성을 거쳐 알코올 도수가 낮아졌다는 점을 알리면서 이렇게 말했다. "하지만 당신의 친구들이 품질보다 알코올 도수를 중요하게 생각한다면, 새로운 위스키를 보내야겠군요." 중개인과 벨의 관계는 오래가지 못했다. 벨은 런던 시장에서 1871년 철수했고, 1889년이 되어서야 다시 돌아왔다.

1880년대 동안 모든 주요 위스키 회사, 그리고 그들보다 작은 규모의 많은 회사들이 런던과 다른 주요 잉글랜드 도시에 사무실을 열었다. 이런 기반을 통해 그들은 영국 너머에 있는 시장을 살피기 시작했다.

찰스 머클레인

식민지 무역을 발판으로 도약한 스카치위스키

스카치위스키 사업은 같은 기간 동안 식민지 확장에 핵심적인 역할을 담당했다. 그들이 홍콩부터(자딘Jardine과 매시슨 앤 컴퍼니Matheson & Co. 등) 호주, 남미, 북미, 남아공까지 이르는 의사 소통 네트워크를 구축했기 때문이었다.

이민, 병역, 제국 사업은 식민지 무역 발전에서 중요한 요소였다. 국외 거주자들이 조국 시장에서 온 익숙한 것을 계속 찾았기 때문이다. 스코틀랜드인들은 식민지 행정과 상업 발전 측면에서 핵심적인 역할을 수행했다. 그들은 유대가 긴밀한 공동체를 형성하여 고향에 있는 가족과 자주 연락하며 지냈다. 많은 위스키 회사가 이런 연줄을 무척 유리하게 이용했다.

예를 들어 1834년부터 글래스고를 근거지로 식료품과 증류주를 판매하고 차를 블렌딩하던 토머스 H. 슬레이터는 1856년에 이미 호주, 인도, 남아공, 남미, 서인도제도, 캐나다, 미국에 있는 국외 거주자들에게 위스키, 와인, 병입*한 에일 맥주, 그리고 다양한 식료품을 보내고 있었다. 슬레이터는 1865년 조지 스미턴 로저와 합류하며 1873년 슬레이터, 로저 앤 컴퍼니Slater, Rodger & Co를 설립했고, 이 회사는 1885년 유한회사가 되었다. 바로 다음 해에 그들은 유럽 시장을 맡을 유럽 대륙 총판을 설립했고, 45개국에 물건을 보냈다. 1888년이 되자 그들은 70개국 시장을 무대로 활동했다. 1911년에 이 회사는 존 워커 앤 선즈John Walker & Sons의 완전 소유 자회사가 되었다.

알렉산더 워커는 1850년대에 아버지의 사업에 합류했고, 킬마넉◆의 카페트 및 직조 업계와 교류하는 양모 상인들의 연줄을 활용하여 호주를 대상

---

* 술병에 술을 채우는 작업.
◆ Kilmarnock, 글래스고 서남쪽에 있는 도시.

으로 하는 위탁 무역에 뛰어들기 시작했다. 위스키는 다른 상품과 함께 배송되었고, 선주나 도착하는 항구에 있는 선주의 대리인에 의해 판매되었다. 수수료는 합의한 것보다 적게 지급되었다. 이런 식으로 호주는 조니 워커의 첫 대형 수출 시장이 되었다.

1880년대에 알렉산더는 런던과 시드니에 지점을 둔 수입/수출 상인 메이슨 브라더스와 협력 관계를 맺고 있었다. 하지만 위탁 무역에서 연속되는 실패를 겪게 된 알렉산더는 호주에서의 위스키 마케팅 방법을 바꿔야 한다고 확신했고, 영업을 직접 통제했다.

1887년 그는 둘째 아들 잭을 보내 시드니에서 메이슨 브라더스가 하던 일을 대신하게 했다. 이는 위스키만 취급하는 지사를 설립하기 위함이었다. 잭은 사업을 재조직하여 여행자 네트워크로 지사를 설립했고, 그들에게 홍보를 맡겼다. 그러자 2년도 되지 않아 '알렉산더 워커의 킬마너크 위스키Walker's Kilmarnock Whisky'는 시드니에서 선두 브랜드가 되었다.

워커의 회사는 남아공에서도 활발한 활동을 펼쳤다. 알렉산더는 1887년 세 중개인을 두고 남아공 시장을 맡겼다. 하지만 이 결정이 문제가 되자 6월엔 롤페스 네벨 앤 컴퍼니Rolfes Nebel & Co.에게 독점적인 권리를 부여했고, 그들은 1889년이 되자 2만5천에서 3만 케이스•를 판매했다. 남아공은 곧 호주를 넘어 워커의 회사에 있어 가장 큰 수출 시장이 되었고, 롤페스 네벨은 1914년 10월까지 계속 중개인을 맡았다. 1914년 10월이 되자 남아공에서는 반독일 정서가 팽배했고, 독일 회사가 공급하는 상품을 보이콧하는 일이 벌어졌다. 따라서 존 워커 앤 선즈는 중개인 계약을 취소했다. 미국과 인도에서 존 워커 앤 선즈가 사업을 펼치고 있다고 처음으로 언급된 건 1883년이었다. 1885년이 되자 그들은 페낭과 싱가포르에 중개인을 정했고,

---

• 케이스는 '12병'을 뜻하는 단위이다.

찰스 머클레인

1896년엔 뉴질랜드에 중개인을 뒀다. 알렉산더는 파리에 소매점을 열었지만, 주문이 전혀 들어오지 않자 의문이 들어 사람을 보내 사정을 알아보게 했는데 책임자나 소매점은 아예 찾아볼 수조차 없었다. 따라서 워커는 전 유럽을 담당하는 독점적인 권리를 지닌 중개인들을 활용했지만, 이 결정은 그리 성공적이지 못했다. 1911년이 되자 이 중개인들은 유럽 각국의 개별적인 중개인들로 대체되었다.

소위 '3대 기업' 중 두 번째였던 제임스 뷰캐넌 앤 컴퍼니는 1887년 해외나 식민지에 59개의 총판을 두고 있었다. 이는 당시 전 세계에 총판을 퍼뜨리는 게 괜찮은 생각이라는 걸 보여줬다. 호주, 뉴질랜드, 인도, 버마, 실론, 극동, 사모아, 남아공, 카리브해 지역, 미국, 캐나다, 북아프리카, 레반트(동부 지중해 연안의 여러 나라), 유럽에는 한 곳 이상의 총판이 있었고, 파리, 불로뉴, 칼레, 니스, 함부르크, 지브롤터, 몰타에는 여덟 곳까지 있었다. 이와 관련하여 디아지오•에서 회사의 역사를 담당하는 직원은 이렇게 말하기도 했다. "이는 유럽 무역이 영국 관광객, 국외 거주자, 선상 판매점에 국한되었다는 걸 보여주죠. 비슷한 조건이 다른 많은 지역에도 적용될지 모릅니다."

존 듀어 앤 선즈John Dewar & Sons가 수출 시장으로 나오게 된 건 스코틀랜드의 위대한 자선가 앤드루 카네기 덕분이라고 해도 과언이 아니다. 카네기는 1891년 9월 미국 대통령 벤저민 해리슨에게 듀어스 위스키를 선물했고, 이로 인해 토미 듀어는 2년 동안 긴 세계 여행을 하게 되었다.

1892년 스물여덟이었던 그는 7년 전에 형인 존 듀어의 결정에 따라 런던에 간 적이 있었다. 첫 번째 '세계 투어'를 할 때 그는 26개국을 방문했다.

• 옮긴이 주: 제임스 뷰캐넌 앤 컴퍼니는 1925년 디스틸러스 컴퍼니에 인수되었고, 이 회사는 이후 여러 인수 합병을 거쳐 현재의 디아지오(Diageo)가 되었다.

미국과 캐나다를 시작으로 남태평양으로 나아가 호주와 뉴질랜드를 거쳐 동남아시아, 아덴, 이집트, 프랑스를 거친 그는 32개의 총판을 지명했다.

1898년에 나온 듀어스의 홍보 책자를 읽어보면 잉글랜드 북부를 담당하는 듀어스의 매니저는 다음과 같은 질문을 받았다. "수출 거래를 많이 하나요?" 그러자 그는 이렇게 답했다. "어마어마하죠. 매달 수천 케이스가 나갑니다. 사실 거의 매주라고 해도 될 것 같긴 합니다. 우리는 항상 최소 1만 케이스를 마련하여 문자 그대로 중국부터 페루까지 세계 각지로 보낼 준비를 하고 있습니다. 이렇게 해외 거래를 하고 있기 때문에 병입과 포장을 담당하는 직원이 많습니다. 그들이 위스키를 단 한 방울도 건드리지 못하는 건 물론이고요."

뒤따르는 소규모 회사들

소규모 회사들도 대기업의 사례를 본보기로 삼았다. 1890년대에 아서 벨은 수출 시장에 몰두했는데, 특히 호주는 더욱 중요하게 여겼다. 토미 듀어가 첫 세계 투어를 떠난 해에 그는 스무 살이 된 아들 로빈, 그리고 딸 루이를 남반구로 보냈다. 멀리 사는 친척도 만나고, 겸사겸사 시장도 답사하면서 실론, 호주, 태즈메이니아, 뉴질랜드에 총판을 정하기 위함이었다.

로빈은 1892년 9월 태즈메이니아 섬 론세스턴에서 편지를 보내 '신뢰할 만하고 설립된 지도 오래된 회사'를 태즈메이니아 섬 북부를 담당할 총판으로 정했다고 하면서 이런 말을 남겼다. "떠나기 전에 제가 '글렌 그란트'나 '하이랜드 파크'를 '9실링 블렌드(아서 벨 앤 선즈에서 가장 비싼 술이었다)'와 섞으면 훌륭하다고 말씀드렸던 걸 기억하세요? 더불어 그게 아니라면 로버트슨 앤 백스터*에서 물건을 가져오되, 아일라 섬 느낌이 너무 강한 스페셜 제품은 가져오지 말자는 말씀도 드렸죠. 제 생각엔 아무래도 첫 번째 계획, 그러니까 9실링 블렌드 쿼터 캐스크와 7년이나 8년 숙성된 글렌 그란트 옥타브를 섞어서 병입하는 게 좋을 것 같아요♦. 레이블은 '스페셜 하이랜드 리큐어. A. 벨(아서 벨), 퍼스Perth, 노스 브리튼(당시 스코틀랜드를 가리키던 말)' 정도로 적고요. 색을 진하게 만들지는 마세요. 여기는 밝은 색 위스키를 선호하니까요. 글렌 그란트나 9실링 블렌드나 훌륭한 것을 선택하여 블렌딩해야 해요. 론세스턴에서 앞으로 펼칠 사업은 전부 이번에 배송되는 물건에 달렸으니까요."

멜버른에서 보낸 다른 편지에서 로빈은 이렇게 말했다.

"이곳에서 홍보를 할 땐 반드시 많은 비용을 들여야 해요. 여기서는 홍보 없인 아무 일도 할 수 없다고 하네요."

실제로 1890년대가 되자 경쟁은 치열했고, 홍보비는 문제가 되었다(특히 호주에서). 디스틸러스 컴퍼니는 1886년 '식민지와 해외에서 연줄을 만들고자' 처음으로 사람을 보냈는데, 그는 '상품 견본을 붙인 카드, 광고, 지도'를 제작하기 위한 예산으로 250파운드를 받았다. 그는 이집트, 그리스, 터키, 호주, 인도에 총판을 지정했지만, 1889년 다른 일에 지나치게 관심을 보여 계약을 해지당했다. 그를 대신하여 '식민지와 해외 업무'를 담당하게 된 존 스튜어트 스미스는 1892년 호주에서만 1,250파운드의 홍보비를 사용했다. 스미스를 이은 두 번째 담당자는 1893년 임명되었고, 회사는 1897년 멜버른에 지사를 냈다. 수출 시장엔 '풍미가 더 진한 하이랜드와 아일라 섬의 싱글 몰트위스키로 특징이 강조된' 위스키가 늘어났다. 디스틸러스 컴퍼니는 1894년 자사 첫 싱글 몰트위스키 증류소인 녹두Knockdhu를 설립했

● 옮긴이 주: 여러 인수 합병 과정을 거쳐 현재의 에드링턴(Edrington)이 되었죠.
♦ 옮긴이 주: 통 제작자마다 차이는 있지만, 쿼터 캐스크는 약 125리터, 옥타브는 약 45리터 정도이다.

는데, 이는 수출 성장 덕분이었다.

그린리스 브라더스는 일본에 위스키를 판매한 첫 회사가 되었다. 그들의 올드 파Old Parr 브랜드는 특히 인기가 많았고, 이는 지금도 그러하다. 앤드루 어셔 앤 컴퍼니는 해외 매출로 에든버러에 어셔 홀(현재도 존재하는 에든버러의 공연장)을 지었다는 말까지 들을 정도였다.

에든버러에 기반을 둔 J. & G. 스튜어트J. & G. Stewart는 19세기 초부터 스페인에 블렌디드 위스키를 보냈고, 1880년대가 되자 회사 사업의 무대는 전 세계로 확장되기 시작했다. 1890년대엔 크게 성공하여 스웨덴에서 스튜어트라는 회사명은 일상에서도 쉽게 들을 수 있을 정도로 잘 알려져 있었다.

유한회사 존 벡John Begg Ltd.은 로열 로크나가 증류소Royal Lochnagar Distillery의 소유주이자 인기 있는 존 벡 블루 레이블 브랜드를 가지고 있었는데, 수출을 편리하게 하고자 애버딘 항구 근처에 창고를 설립하기도 했다.

'화이트 호스White Horse'라는 선두적인 브랜드를 가진 매키 앤 컴퍼니 Mackie & Co.는 최소 1883년에는 케이스 단위로 위스키를 수출했다(이는 통이나 석재 용기가 아닌 병입한 위스키를 판매했다는 뜻이다). 1896년엔 회사 이사 중 한 사람이 해외 시장 대다수를 여행하며 총판을 지정하기도 했다. 이외에도 관련 사례는 많다.

이렇게 스카치위스키가 세계적으로 수출되는 토대가 놓였다. 1900년에도 수출 양은 적은 편이었지만 그래도 1,375만 리터에 달했다. 위스키 수출 추진력은 1900년 이후 더욱 강해졌는데, 특히 1909년 로이드 조지*가 '국민 예산'을 통해 증류주에 붙는 세금을 33% 더 늘리면서 이런 경향은 더 심화되었다. 이는 1860년 이후 가장 높은 세금 상승률이었다.

● David Lloyd George(1916년 1922년), 영국의 자유당 출신 총리.

찰스 머클레인

1900년이 되자 스카치위스키를 위한 수출 시장의 토대는 훌륭하게 놓였다. 이는 폭넓게 사랑받는 위스키를 만들려고 한 블렌딩 회사들의 기술, 수출 시장 형성 초기에 세계로 퍼진 스코틀랜드인들을 활용하여 전 세계에 총판을 지정한 사람들, 그리고 홍보비(때로는 거금으로)로 전 세계 총판을 지원한 회사들 덕분이다.

　　1908년 왕립위원회에서 리스Leith의 증류주 소매상인 아치볼드 코완은 이런 말을 남기기도 했다. "블렌디드 위스키를 만들기 전까지 우리는 호주나 인도에 절대 위스키를 보낼 수 없었습니다."

(2014)

마무리 숙성(Finishing)한 싱글 몰트는
오늘날 소비자에게 익숙한 제품이다.
하지만 이것이 처음 등장했을 때,
그들은 호기심과 경악감을 동시에 경험했다.
대체 문제가 무엇이었으며,
그 모든 게 어떻게 시작되었을까?
조니 머코믹이 마무리 숙성의
초기 시절을 돌아본다.

위스키 숙성 접근법에 관해 패러다임 이동이 있었던 위스키 연대표상의 시대를 고려해보자. 천천히 움직이는 눈덩이 하나가 눈사태를 일으키는 것처럼, 이 혁신은 위스키 생산 기술에서 대담한 실험을 하려고 했던 많은 움직임을 일축해버렸다. 이제 그 혁신이 일어나고 25년이 넘게 지났다. 혁신의 주역들은 오랜 시간이 흐른 뒤 어떤 관점을 갖게 되었을까? 혁신 이후 등장한 새로운 세대의 위스키 소비자에게 그 혁신이 남긴 유산은 무엇일까? 여기서 말하는 혁신은 '마무리 숙성'의 시작이다.

향과 풍미를 더하려는 명백한 의도로 숙성 중인 위스키를 기존 오크통에서 다른 특징을 지닌 다른 오크통으로 옮기는 걸 우리는 '마무리 숙성'이라고 한다. 이중 숙성Double Matured, 추가 숙성Extra Matured, 혹은 추가적 오크통 영향 증진Additional Cask Enhancement 등은 다 같은 개념이다. 이 개념은 선택권 변화의 촉매가 되었지만, 누군가의 감정을 상하게 하여 감정적인 대응을 받기도 했다. 마무리 숙성은 스카치위스키의 개별적인 카테고리가 부상한 것이었을까? 몇몇 사람은 마무리 숙성 위스키가 진정한 위스키인지, 아니면 단순히 좋지 못한 구석이 있는 새로운 제품인지 의문을 품었다. 마무리 숙성에 관한 기사가 신문과 잡지에서 터져 나왔고, 마무리 숙성에 대한 거리낌을 전했다. 불안, 과장, 의혹이 손에 잡힐 듯했다. 하지만 새로운 세대의 소비자에겐 이런 모습은 호들갑에 불과할 뿐이었다.

이제 마무리 숙성 위스키는 제품군에 확고히 자리 잡았고, 더는 선반의 외계 침입자로 인식되지 않는다.

마무리 숙성의 기원을 찾아서

아직 해결되지 않은 문제가 남아 있다. 마무리 숙성 개념의 소유권을 주장하는 게 한 곳이 아니기 때문이다. 그럼 대체 누가 스콧이고 아문센이란 말인가? 누가 미답의 극지에 조국의 깃발을 꽂았는가?

"마무리 숙성은 우리가 1980년 발베니 클래식을 출시했을 때 시작된 겁니다." 발베니의 몰트 마스터 데이비드 스튜어트는 독특한 복스보이텔* 형태의 병에 담아 12년, 18년과 함께 출시한 NAS◆ 제품을 회상하며 말했다.

"이전엔 8년, 혹은 10년 숙성한 발베니 파운더스 리저브 제품만 있었습니다. 발베니 클래식은 전부 미국산 배럴에 숙성되었다 유럽산 셰리 버트로 옮겨져 일정 기간 숙성을 거쳤습니다. 그게 바로 '마무리 숙성의 원조'라는 칭호가 저희한테 있다고 주장하는 이유입니다. '이 위스키를 여기다 옮기면 어떨까?'라고 생각했던 사람은 저였습니다. 우리는 이 작업을 1980년대에 시도했는데, 그때는 실제로 '마무리 숙성'이라는 용어 자체가 없던 시절이었습니다. 그러니 우리가 원조라고 할 수 있죠."

실험적인 셰리 오크통 숙성을 지켜보던 기분은 어땠을까? 아버지가 아이가 태어나길 기다리며 느끼는 초조함 섞인 기대와 비슷했을까? 하지만 그렇지는 않은 모양이다. 데이비드 스튜어트는 과하게 흥분하는 사람이 아니다.

"뭐, 조금은 다를 거라고 생각했죠." 평온하게 입을 떼며 데이비드가 말했다. 그는 조급함과는 거리가 먼 사람이다. "매달 셰리 오크통을 확인했던 것 같습니다. 우리는 결과에 놀라고 기뻤습니다. 미국산 오크통에서 나오는 바닐라와 꿀의 느낌에 풍부함과 스파이시함이 더해졌으니까요. 두 가지 오크통의 아름다운 균형을 드디어 얻어낸 거였죠."

발베니 클래식은 대략 1만 케이스만 출시할 정도로 생산량이 적었다. 작은 증류기에서 얻은 18년 숙성 위스키는 다섯 개, 혹은 여섯 개의 셰리 버

---

* bocksbeutel, 독일 프란코니아 지방에서 와인을 담는 데 사용되는 주머니 모양의 납작한 병.
◆ 'No Age Statement'의 약자. '숙성 기간에 관해 아무런 정보도 제공하지 않은 위스키'를 뜻함.

트에서 숙성되어 1천 케이스 정도만 출시되었다. 마무리 숙성의 기간은 다양했다. 어떤 셰리 오크통에서는 9개월 만에 원액을 꺼내기도 했고, 어떤 셰리 오크통에서는 1년 반이 지나서야 원액을 꺼냈다. 그렇다면 데이비드는 당시 싱글 몰트위스키 애호가들이 어떤 반응을 보였는지 기억하고 있을까?

"30년 전으로 돌아가자는 말이군요. 당시 소비자는 오늘날의 소비자처럼 싱글 몰트위스키에 관한 많은 정보가 있지 않았습니다. 레이블엔 우리가 어떻게 위스키를 만들었는지 아무것도 적지 않았어요. 누군가가 시음회 같은 곳에서 질문하면 대답해주는 식이었습니다."

이후 1993년에 발베니 더블우드가 출시되었다. 셰리 오크통에 마무리 숙성해 새로운 모양의 병에 담긴 이 제품은 오늘날까지 같은 모습을 하고 있다.

"원래는 발베니 클래식 12년으로 출시될 예정이었습니다. 기존 발베니 클래식보다는 구조감이 더 있었죠. 생산량이 늘면서 우리는 표준화해야 했습니다." 데이비드가 말했다. "더블우드가 출시되던 같은 시기에 글렌모렌지는 셰리 오크통 마무리 숙성 싱글 몰트위스키를 출시했고, 이내 포트 와인 통에서 마무리 숙성한 제품도 나왔습니다."

이 시점에서 우리는 글렌모렌지의 생각을 확인하지 않을 수 없다. 발베니 측과는 다른 이야기를 하고 있기 때문이다. 더 글렌모렌지 컴퍼니The Glenmorangie Company에서 증류, 위스키 제품화, 재고 관리 최종 책임자를 맡고 있는 빌 럼스던 박사는 우리에게 어떤 말을 할 것인가?

"마무리 숙성을 거친 최초의 상업적 제품은 제가 입사하기 전에 출시되었습니다. 때로 마무리 숙성을 제가 창시했다고 아는 분들이 계신데, 그건 잘못된 정보입니다. 전 걸음마 단계인 원안을 좀 더 상업적이고 실험적인 방향으로 변경했을 뿐입니다." 그가 말했다.

럼스던 박사는 자신의 운명과도 같은 마무리 숙성의 여정이 1994년에 시작되었다고 콕 집어서 말했다. 비록 그 당시엔 유한회사 디스틸러스 컴퍼니 소속이긴 했지만 말이다.

"처음으로 마무리 숙성을 경험하게 된 건 제가 오늘날까지도 사서 보는 『GQ』 매거진의 기사에서입니다. 글렌모렌지가 포트 우드 피니시Port Wood Finish라는 제품을 막 출시했다고 하더군요. 정말 매력적이어서 강한 흥미가 생겼습니다. 『GQ』를 보던 당시 우연인지는 몰라도 글렌모렌지에서 증류소 매니저를 구한다는 구인 광고가 나오기도 했습니다."

럼스던 박사는 여기에 지원했고, 바로 그해에 글렌모렌지의 증류소 매니저가 되었다.

"같은 시기 글렌모렌지는 뭔가 기원이 불분명한 한정판 마무리 숙성 제품 두 가지를 출시했습니다. 전에 상무이사였던 닐 머케로우가 담당한 것이었죠. 그는 샤또 무똥 로쉴드Château Mouton Rothschild에서 오크통을 받아오기도 했고, 마데이라 드럼•도 마련했습니다."

엄밀히 말해 럼스던 박사가 언급한 두 가지는 글렌모렌지의 최초 마무리 숙성 제품은 아니다. 증류소는 '글렌모렌지 1963'이라 불리는 빈티지 싱글 몰트위스키를 1987년에 출시했고 이에 관해 럼스던 박사는 다음처럼 말했다.

"전통적인 버번 배럴에서 셰리 오크통으로 옮겨 18개월 동안 마무리 숙성한 제품이었습니다. 깊이와 강렬한 느낌을 좀 더 부여하고자 의도적으로 시도했던 거죠. 실제로 레이블에 그렇다고 적지는 않았습니다만, 이것이 바로 저희 증류소의 첫 번째 상업적 마무리 숙성 제품입니다. 그리고 제가 아는 한 최초의 의도적인 마무리 숙성 시도입니다. 지금은 윌리엄 그

• Madeira Drum, 650리터 용량의 오크통.

랜트 앤 선즈William Grant & Sons 쪽에서 우리가 최초라는 사실에 이의를 제기하고 있다는 걸 알고 있습니다.”

자, 양측이 각각 명예로울 수 있는 신사적인 방법으로 결론을 내리도록 하자. 우리는 마무리 숙성에서 누가 닐 암스트롱이고 버즈 올드린인지 절대로 정확하게 알 수 없을지도 모른다. 하지만 두 회사 모두 달에 발자국을 남겼다. 윌리엄 그랜트 앤 선즈와 더 글렌모렌지 컴퍼니는 같은 개념을 독립적으로 같은 시기에 실험했고, 그 분야를 선두에서 이끌었다.

성공적인 마무리 숙성을 위한 실험에 나서다

‘마무리 숙성’이라는 개념이 먹히자 그들은 적극적으로 이를 이용하기 시작했다. 발베니 포트우드 제품은 1995년에 처음 매장에 나왔고, 마무리 숙성 제품으로는 아주 오래된 제품 중 하나라고 할 수 있다. 여전히 발베니는 매년 약 100개의 포트 파이프• 통을 새로 들여오고 있다.

“이 주정 강화 와인 통이 달콤하고 풍부한 느낌을 부여해준다는 걸 우린 알고 있습니다.” 데이비드가 말했다. “건포도 느낌, 그리고 달콤하면서 와인 같은 느낌이 위스키에 부여됩니다. 포트우드는 여태까지 굉장히 많은 상을 받았고, 종종 소비자가 가장 선호하는 발베니로 꼽히기도 합니다.”

마무리 숙성에 사용되는 오크통은 싱글 몰트위스키를 숙성하기 전 새 오크통인 상태로 짧은 기간 동안 다른 술을 담아두는 게 일반적이지만, 발베니가 활용하는 포트 파이프는 40년 정도 사용되었던 것이라 오크 추출물로 받을 수 있는 영향은 없다고 봐야 한다. 윌리엄 그랜트 앤 선즈의 마

• 파이프는 보통 500리터 용량의 오크통으로, 포트 파이프는 포트와인을 숙성한 파이프를 말한다.

스터 블렌더 브라이언 킨즈먼은 이렇게 말했다.

"저는 스카치위스키에서 얻을 수 있는 풍미 전체가, 이전에 담긴 술보다는 나무에서 온다고 강력하게 주장하는 사람입니다. 하지만 이 포트 파이프는 예외죠. 갓 도착한 포트 파이프를 열어보면 찌꺼기가 가득합니다. 액체가 아니죠. 포도 타닌 같은 겁니다. 손톱으로 오크통을 주욱 긁으면 유기적인 물질이 묻어나옵니다. 눈으로 바로 확인할 수 있죠." 긁는 시늉을 하며 그는 말을 이었다. "이전에 담긴 술이 싱글 몰트에 영향을 미칠 수 있는 경우는 포트 파이프가 유일하다고 생각합니다."

발베니 증류소는 마무리 숙성을 위해 증류소로 오크통을 가져오지만, 럼만은 예외이다.

"럼은 참 놀랍습니다. 달콤함은 물론 열대 향신료 느낌을 부여해주거든요." 데이비드가 말했다.

발베니 증류소는 럼 오크통 마무리 숙성을 하기 전 아예 대형 선박으로 럼 그 자체를 가져와 배럴 규격 새 오크통에 6개월 동안 담아놓고, 그런 다음에야 싱글 몰트위스키를 담아 6개월간 숙성한다. 물론 모든 실험이 성공적이었던 것은 아니라고 데이비드는 인정했다.

"예산이 있으면 셰리 오크통과 버번 오크통을 사는 게 최우선입니다. 브랜디, 꼬냑, 알마냑•을 담았던 오크통을 숙성에 써봤지만, 위스키와 충돌할 뿐 나아지는 게 없었습니다. 레드 와인과 화이트 와인을 담았던 오크통도 그다지 효과는 없었죠. 아, 당도가 충분한 화이트 와인을 담았던 오크통은 사용해보지 않았을지도 모르겠습니다. 레드 와인 오크통은 위스키를 드라이하게 만들었지만, 무척 빠르게 위스키를 압도하더군요." 브라이언 킨즈먼도 동의하며 말했다.

• Armagnac, 프랑스산 브랜디의 일종.

"꼬냑은 프랑스산 오크를 쓰지 않습니까? 프랑스산 오크하고 우리 증류소의 원액은 잘 맞지 않아요. 결국엔 늘 드라이한 느낌을 내게 되더군요. 마무리 숙성에 썼던 다양한 오크통 중엔 몇 가지 괜찮은 것들도 있었죠. 하지만 발베니와 글렌피딕이 추구하는 플레이버 프로파일^{flavor profile}과는 맞지 않았습니다."

데이비드도 동의하며 말했다. "효과가 없다고 생각하면 아예 제품을 만들지 않죠."

많은 성공적인 마무리 숙성의 결실로 발베니는 한정판 제품군을 선보이게 되었다. 이 시작은 2000년 출시된 그 악명 높은 발베니 아일라 캐스크였다.

"1990년대 말에 실험하다 이런 생각이 떠오르더군요. '이탄 느낌이 나는 발베니 제품을 한번 만들어볼까?' 일단 제가 실행에 옮길 수 있는 유일한 방법은 발베니 원액을 아일라 증류소 제품을 담았던 오크통에 담는 것이었죠. 우리 회사는 블렌디드 위스키를 만들기 위해 아일라의 싱글 몰트위스키를 사용합니다. 그래서 아일라 위스키를 담았던 빈 통을 차곡차곡 모아 더프타운^{Dufftown}으로 가져갈 수 있었죠. 우리는 17년 숙성한 발베니 위스키를 거기에 4개월에서 6개월 정도 숙성했습니다. 아주 빠르게 스모키한 느낌과 이탄 느낌이 올라왔습니다. 나무에 그런 느낌이 이미 스며들었던 거죠. 사람들은 늘 제게 대체 아일라 어디 증류소냐고 물었지만, 말할 수도 없고, 말하고 싶지도 않습니다." 데이비드가 필자의 요청을 거절하며 말했다.

"우리 회사는 블렌디드 위스키를 만들 때 두 가지에서 세 가지의 아일라 싱글 몰트위스키를 사용합니다. 하지만 발베니 아일라 캐스크 제품엔 단 하나의 증류소에서 나온 통을 사용했죠. 이제는 실제로 아일라 캐스크 같은 명칭은 붙일 수 없습니다. 하지만 당시엔 할 수 있었죠."

이에 관해서는 말이 많았다.

"아일라 사람들이 괜찮았는지 확신하지 못하겠더군요. 제 기억으로는 짐 머큐언* 씨에게 관련하여 물어봤더니 심드렁했습니다. 우리가 그쪽 영역에 발을 들였다고 생각한 모양이었습니다. 지금이야 많은 사람이 스페이사이드에서 이탄 건조 처리한 맥아로 위스키를 만들지만, 그 당시엔 지금과는 달랐습니다."

더 글렌모렌지 컴퍼니의 초기 실험은 럼스던 박사가 증류소 매니저로 있을 때 증류소가 있는 테인Tain이 아니라 옛 리스 본사에서 이루어졌다. 지금은 우드 피니시 시리즈가 핵심 제품군 일부로 확고히 자리 잡았다. 럼스던 박사가 글렌모렌지 증류소의 위스키 생산을 맡게 되며 그의 실험 본능은 상황을 완전히 바꿔놓았다.

"전부 훌륭한 풍미를 내기 위한 노력이었습니다. 샤또 디껨Château D'Yquem DRC*에서 가져온 오크통 외에도 전 세계에서 가져온 서로 다른 종류의 오크로 만든 오크통을 써보는 게 제 소원이었습니다. 당시엔 근무한 지 얼마 되지 않아서 제품을 만들 때 상부 허가를 받아야 했습니다. 제가 처음으로 만든 최초의 상업 제품은 '글렌모렌지 1981 소떼른 우드 피니시 21년'과 '글렌모렌지 1975 꼬드 드 뉘 피니시' 제품이었습니다. 마무리 숙성에 온갖 와인을 담았던 오크통과 갖가지 다른 종류의 오크가 들어와 한계가 확장된 데에는 어느 정도 제 공이 있다고 생각합니다."

"물론 이를 굉장히 싫어하는 사람들도 있었습니다." 럼스던 박사가 말했다. "가장 싫어했던 사람은 글렌파클라스의 존 그란트 씨였습니다. 절볼 때마다 그분은 '마무리 숙성 같은 건 진짜 위스키라고 할 수 없어'라고 말씀하셨죠. 그럼 전 그냥 웃고 맙니다. 그런 의견을 고수하는 건 그분 자유죠. 그런데 아무리 생각해도 저는 그런 부정적인 견해가 '우리가 저걸 했

- 옮긴이 주: 이 당시엔 브룩라디 증류소의 마스터 디스틸러였으며, 현재는 아드나호 증류소의 생산 이사를 맡고 있다.
- 옮긴이 주: 로마네 꽁띠 등을 생산하는 프랑스 부르고뉴를 대표하는 와인 생산자.

었어야 하는데!'라고 생각했기 때문에 생겨난 거라고 볼 수밖에 없단 말이
죠. 우리는 말 그대로 새로운 길을 개척했습니다. 오랜 역사에서 처음으로
일어난 진정한 혁신이죠. 자만하려는 건 아니지만, 이만큼 혁신적이라고
생각한 건 우리의 시그넷Signet과 라프로익의 쿼터 캐스크Quarter Cask 개념 밖
에 없습니다. 그래도 이 업계 사람 대다수가 관대합니다. 많은 사람이 우리
를 따라하려고 시도할 때는 정말 최고였습니다. 이젠 모두라고 할 수 있겠
네요. 벤로막, 에드라도어는 저나 데이비드 스튜어트 씨의 방식을 활용하
여 마무리 숙성을 하고 있습니다."

마무리 숙성의 진화

혁명은 들불처럼 번져나갔다. 마무리 숙성은 다양한 증류소와 독립병입업
자를 포함한 시장에서 이미 지배적인 영향력을 행사하고 있다. 아일 오브
아란 증류소The Isle of Arran Distiller는 마무리 숙성이라는 유행을 활용하기 완전
히 좋은 시기에 업계에 등장했다. 아란의 상무이사 유언 미첼은 2003년 증
류소에 합류했고, 그 당시 재고 중 가장 오래 숙성된 위스키는 8년짜리였
다. 증류소는 10년 숙성이 될 때까지 레이블에 연수 표기를 하지 않기로 결
정한 상태였다. 미첼은 이후 새로운 풍미를 가지도록 위스키를 발전시켰
다. 그는 마무리 숙성 제품에 관련된 폭넓은 프로그램 이면엔 상업적인 이
유가 있었다고 솔직하게 인정했다.

"아란은 라이트에서 미디엄 바디를 가진 위스키입니다. 그러니 숙성
초기에 새로운 통의 영향을 아주 잘 받는다는 느낌이 있었죠. 지금은 아니
지만, 당시엔 시장에서 숙성이 짧은 위스키를 그다지 환영하지 않는 분위
기가 있었습니다. 제품군 범위를 늘리면서도 관심도를 유지해야 했는데

조니 머코믹

참으로 어려운 문제였습니다. 마무리 숙성은 시장 반응을 살피는 방법 중 하나였죠. 다행히 그 시기에 많은 친구들을 얻을 수 있었고, 여전히 그 사람들은 우리 브랜드의 팬입니다."

"그런데 브룩라디Bruichladdich Distillery가 우리보다 더 나아가서 '프리미어 크루 컬렉션'이란 걸 선보이더군요. 물론 우리도 샤또 마고 오크통에서 숙성한 제품을 출시한 적이 있습니다. 그런데 참 이름이 갖는 흡인력이란 게 놀랍더군요. 이러면 생각을 하게 됩니다. 사람들이 위스키 그 자체로 평가를 하는 건가 아니면 이런 연관성 때문인가? 오늘날까지, 특히 아시아 쪽에서 저는 이런 질문을 받곤 합니다. '샤또 마고 피니시 같은 제품을 다시 출시할 수 있습니까?' 이 경우에는 레이블에 적힌 이름만을 본다는 걸 분명히 알 수 있지요."

아란은 생산자에게서 직접 통을 구매하며, 이로 인해 많은 유익한 관계를 쌓고 있다.

"어디서 통이 오는지, 또 예전에 담겼던 술이 좋은 품질의 것인지는 알아야 하지 않겠습니까? 뭐, 때론 우리 위스키보다 통에 담긴 와인이 비교도 할 수 없을 정도로 비싸긴 하지만요!"

아란의 싱글 몰트위스키는 이젠 연수 표기를 하고 있고, 핵심 제품군의 마무리 숙성 제품은 아마로네, 소떼른, 포트로 한정되어 있다. 유언은 마무리 숙성으로부터 배운 경험에 관해서는 신중한 입장을 취했다.

"시장이 갈라져 있다고 생각해요. 일단 극도로 전통주의적인 생각을 가진 사람들이 있습니다. 마무리 숙성 같은 건 가까이 하지도 않으려고 하죠. 다른 쪽엔 개방적인 사람들이 있습니다. 이 사람들은 플레이버 프로파일이 어디서 오는지 알고 싶어 해요. 아직도 샴페인 캐스크 피니시 제품을 다시 내줄 수 없냐고 물어보시는 분들이 있습니다. 물론 '그런 위스키 따윈 정말로 싫다'라고 하시는 분들도 있고요. 극과 극인 셈이죠. 되돌아보면 우리가 만든 것 중 몇 가지는 괜찮았지만, 몇 가지는 썩 의도대로 잘 되지 않았다고 생각해요. 2008년에 회사에 들어왔을 때, 저는 어떻게든 정상 궤도로 진입해야 한다고 생각했습니다. 덕분에 와인 캐스크 피니시와 아란은 동의어라는 이야기도 들었지만 말이죠."

스카치위스키협회의 공식 지침

스카치위스키협회(SWA)의 고문단은 2010년 마무리 숙성을 포함한 혁신적인 시도를 하는 것과 관련해 증류소들에 조언한 바 있다. 전통적인 생산 방식과 다른 원액 생산은 금지하며, 특히 스카치위스키라고 인식되는 범위를 넘은 방식으로 색, 향, 풍미에 영향을 미치는 것은 엄금한다는 것이었다. 럼스던 박사는 이 조언을 앞을 내다본 결정이라며 칭송했다.

"스카치위스키협회는 이 업계, 특히 그중에서도 윌리엄 그랜트 앤 선즈, 그리고 우리 회사와 업무적으로 무척 밀접한 관계를 유지하고 있습니다. 증류소가 전통적인 방식을 활용해 다양한 통을 활용한다는 증거를 가지고 있는 한, 그들은 언제든지 이를 받아들일 준비가 되어 있습니다. 저는 그들이 대단한 일을 해냈다고 생각합니다."

스카치위스키협회가 허용되는 것과 허용되지 않는 것에 관해 공식 지침을 준비하는 과정에서 럼스던 박사는 회사의 서류까지 제출하며 그들을 도왔다.

스카치위스키협회의 지침은, 숙성에 사용되는 모든 오크통은 전에 담긴 내용물을 완전히 비워야 하며, 그렇게 함으로써 통에서만 특성을 얻어내야 한다고 명시되어 있다. 즉 풍미 증진을 위해 잔여물이 남아 있는 경우 불법이

조니 머코믹

라는 것이다(독립병입업자에겐 아직 이런 강화된 감시가 적용되지 않았다).
'스카치위스키'라는 용어를 수호하는 스카치위스키협회가 전 세계를 대상
으로 수행하는 필수적인 역할을 고려했을 때, '지리적 표시제'로 보호되는
와인이나 증류주의 이름을 시장에서 아무렇게나 사용하는 걸 금지한 건
중요한 일이며, 동등함이라는 차원에서도 의미가 있다. 레이블 규칙은 더
엄격해졌다. 소비자를 위해 마무리 숙성에 활용한 통에 관한 정보를 기재
할 때 지리적 표시제에 의해 보호되는 와인의 이름만 단독으로 사용하는
것은 제한되었고, 향이나 맛을 첨가한 위스키를 산다고 소비자들이 오해
하도록 하거나, 그렇게 위스키를 마케팅하는 것도 금지되었다. 위스키 수
집가들의 열렬한 호응을 얻었던 마무리 숙성 전성기 동안 보였던 레이블이
나 명칭은 이제 더는 볼 수 없게 되었다.

지평을 넓히려고 했던 여러 사람처럼 럼스던 박사 역시 자신의 기법 때
문에 감시받은 적이 있었다.

"'그러면 스카치위스키라고 부를 수 없어'라는 소리를 들을 제품이 하
나 있었죠. 오크통이 아닌 다른 나무통에 마무리 숙성 중이었거든요. 최소 3
년간 스코틀랜드에서 오크통에 숙성해야만 스카치위스키죠. 언급했던 위
스키는 10년을 스코틀랜드에서 오크통에 숙성한 것이었습니다. 이 위스키
를 브라질산 체리 우드에 집어넣은 건 제 권한이고 제가 결정한 바였습니
다. 하지만 스카치위스키협회는 안 된다고 했습니다. 과학자로서의 저는 좌
절했지만, 현실주의자이자 브랜드 앰배서더이자 스코틀랜드인이자 위스키
애호가로서의 저는 이를 전부 이해합니다. 그럴 이유가 충분하거든요."

유언 미첼도 비슷한 경험을 한 적이 있다.

"스카치위스키협회와 한두 번 이야기를 나눈 적이 있습니다. 처음 우
리가 출시한 마무리 숙성 제품이 칼바도스 캐스크 피니시였거든요."

하지만 불행하게도 스카치위스키협회의 전통적인 통 목록엔 칼바도

스 통이 없었다.

　"지금 이 순간에도 스카치위스키협회의 그런 태도는 조금 잘못됐다고 생각해요. 제품의 무결함을 보호하려는 노력, 이해합니다. 근데 전통이란 게 대체 언제가 시작이고 끝이죠? 모든 스틸 와인을 다 허용했잖습니까. 그런데 미국 캘리포니아에서 온 진판델 와인을 담았던 통은 되면서 프랑스 노르망디에서 온 칼바도스 통은 안 된다? 위스키 업계에 칼바도스 통에서 마무리 숙성한 제품이 없던 것도 아니잖습니까. 스카치위스키협회의 의견으로는 승인 목록에 있는 통만 쓰라는데 아란은 칼바도스 통과 무척 잘 어울린다는 게 문제죠!"

마무리 숙성 위스키는 긴 길을 걸어왔지만 아직 끝난 것이 아니다. 위스키 생산자들은 마무리 숙성과 더 나아간 실험을 활용하여 블렌딩 기술에 계속 미세한 조정을 가할 것이다. 위스키는 이전에 통에 담겼던 내용물에 기반을 둔 이름을 배제하고 굉장히 세련되게 마케팅을 펼치고 있다. 마무리 숙성 위스키를 쌍무지개라고 생각해보자. 청회색 하늘에 생긴 쌍무지개는 보다 특별하며 스코틀랜드의 습지는 이런 광경을 보기에 아주 적합한 곳이다. 쌍무지개는 빗방울을 통한 빛의 이중 반사로 인한 시각적 현상이다. 위에 생기는 무지개는 아래 생기는 무지개보다 희미하며 색이 역순이다.

　비유를 하자면 숙성된 빛(위스키)이 빗방울(마무리 숙성에 사용되는 통)을 통해 두 번째로 반사되는 것이다. 위에 생기는 무지개의 출현은 최종적으로 만들어진 위스키이다. 증류소의 특성은 같지만 때로는 밝게 빛나지 않을 수도 있다. 두 번째로 사용되는 통은 풍미에 관한 여러분의 인식을 재정립할 것이다. 마무리 숙성 위스키들은 아마 다른 순서로 여러분의 감각을 건드릴 테지만 그 무지개의 끝에는 여전히 고귀한 무언가가 있다.

(2014)

　　　　　　　　　　　　　　　　　　　　　　　　조니 머코믹

베른하르트 쉐퍼

흔히 언급되곤 하는 용어인 '숙성 연수 미표기
(혹은 NAS)'는 논란의 중심에 서 있다.
몇몇 사람은 생산자가 소비자에게
아무런 언급 없이 숙성 기간이 짧은 위스키를
활용하고자 하는 방편으로 그 용어를
쓰고 있다고 생각한다. 다른 몇몇 사람은
위스키 자체가 훌륭하고 가격만 괜찮다면
문제가 될 건 없다고 생각한다.
베른하르트 쉐퍼가 이 논쟁을 살펴본다.

우선 '숙성 연수 미표기'라는 용어는 사실 정확한 게 아니다. 대다수 위스키가 적어도 유럽에서 생산될 때는 규정에 따라 최소 3년 숙성해야 한다는 점은 모두가 아는 사실이다. 따라서 숙성 연수 미표기 위스키는 법적 최소 숙성 기간인 3년 외엔 숙성 기간에 관해 아무런 정보도 제공하지 않는 위스키를 뜻한다.

이 논쟁을 이해하려면 역사를 조금 살펴야 한다. 세계적으로 퍼져 나간 첫 싱글 몰트위스키는 글렌피딕이다. 이 글렌피딕은 병에 숙성 연수 표기가 전혀 없었고, 그에 대한 불평도 없었다. 그리고 결과는 성공이었다. 같은 시기 시장은 블렌디드 위스키가 지배적이었다. 많은 블렌디드 위스키의 레이블에 12년이라는 숙성 기간이 자랑스럽게 적혀 있었다. 예를 들면 시바스 리갈과 조니 워커 블랙이 있다. 그랬음에도 당시엔 글렌피딕 싱글 몰트위스키에 숙성 연수가 적혀 있지 않다고 논란이 일어나는 일은 없었다.

상황은 1980년대 말이 되자 바뀌기 시작했다. 유나이티드 디스틸러스United Distillers는 클래식 몰츠를 통해 싱글 몰트위스키 사업에서 과감한 행보를 보였는데, 클래식 몰츠에 포함된 모든 싱글 몰트위스키엔 숙성 연수가 적혀 있었다. 그들은 탈리스커의 숙성 연수를 8년에서 10년으로, 라가불린의 숙성 연수를 12년에서 16년으로 늘리면서 상황을 더 복잡하게 만들었다. 클래식 몰츠는 실패하여 단명한 애스컷 몰트 셀라에 이은 두 번째 시도였으므로 유나이티드 디스틸러스의 마케팅 부서가 당시 숙성 연수 표기에 관한 훌륭한 논거를 가지고 있지 않았나 하는 생각이 든다. 왜냐하면 생산 측면에서 볼 때 그 당시에도 숙성 연수 표기가 없는 위스키를 출시하는 게 훨씬 쉬운 일이었을 것이기 때문이다. 하지만 그들은 그러지 않았다. 또한 이 시기의 선구자인 글렌피딕조차 마스터 블렌더 데이비드 스튜어트의 주도 아래 가장 중요한 자사 위스키에 숙성 연수 12년을 표기하는 것으로 방침을 바꿨다.

그렇다면 현재의 위스키 시장으로 빠르게 돌아와 보자. 갑자기 숙성 연수 표기가 없는 위스키가 급증한 이유는 무엇일까?『더 스피릿츠 비즈니스』와의 인터뷰에서 더 글렌모렌지 컴퍼니의 빌 럼스던 박사는 이렇게 자신의 생각을 밝혔다.

　"숙성 연수가 표기되지 않은 제품은 표기된 제품보다 앞으로 더 흔하게 보일 겁니다. 부분적으로는 수요가 엄청나게 늘어나 재고가 한정적이라는 게 이유가 되겠죠. 따라서 자연스럽게 많은 증류업자가 숙성 기간이 짧은 위스키를 살펴볼 수밖에 없게 되어가는 중입니다."

　위스키 블로그 *eyeforspirits.com*의 소유자인 필립 림은 럼스던 박사의 생각에 동감했다.

　"숙성 연수 미표기 위스키는 지난 몇십 년 동안 위스키 업계가 발전한 과정을 생각해보면 논리적인 귀결인 것처럼 보입니다. 증류소에서는 오래 숙성된 위스키가 동나는 중이지만, 전 세계에서 수요가 증가하는 상황이죠. 따라서 위스키 생산자는 부득불 할 일을 하면서도 그 상황을 유리하게 이용하는 중입니다. 숙성 연수를 알리지 않으면서도 위스키 생산 측면에서 훨씬 더 많은 자유를 누리며 위스키를 만들고 있다는 거죠. 제 생각에 일단 숙성 연수 미표기 제품이 시장에서 유행하면 앞으로는 일반적으로 받아들여질 겁니다."

중요한 건 숙성 연수가 아닌 풍미?

그렇다면 명백하게 위스키는 이뤄냈던 성공으로 해를 입은 것이다. 10년은 족히 마실 수 있는 재고로 흐뭇했던 시간과는 이제 작별을 고해야 한다. 하지만 숙성 연수 미표기는 위스키의 풍미와 관련이 있기도 하다. 적어도 내가 아는 많은 블렌더들은 병에 적힌 숙성 기간이 그다지 중요하지 않다는 개념에 지지를 보낸다. 번 스튜어트 디스틸러스Burn Stewart Distillers Ltd의 증류 책임자이자 마스터 블렌더인 이언 맥밀런●도 그런 사람 중 하나이다.

"증류소가 숙성 연수를 표기하지 않은 싱글 몰트위스키를 출시한다고 한다면, 마스터 블렌더에겐 엄청난 기회가 생긴 겁니다. 특정 숙성 기간 범위에 구애받지 않고 증류소의 특징을 강조할 수 있는 그런 기회 말입니다. 숙성 기간이 서로 다른 특정 원액이 하나로 결합되었을 때 독특한 결과물을 낼 수 있다는 점을 마스터 블렌더가 아니면 누가 이해하겠습니까? 숙성 기간이 짧지만 매력적인 신선함을 뽐내는 싱글 몰트위스키에 사람으로 따지면 중년 정도에 들어선 균형감 있는 싱글 몰트위스키를 다량으로 섞고, 온전히 숙성된 싱글 몰트위스키로 마무리 손질하면 독특한 제품이 만들어집니다. 당연히 이들을 섞는 데엔 능숙한 기교가 필요하고, 여기서 마스터 블렌더의 전문 기술과 지식이 강조되는 거지요."

이언 맥밀런의 이런 관점은 몇몇 업계 사람, 특히 마케팅에 종사하는 사람들에 의해 때때로 한 문장으로 요약된다. "중요한 건 숙성 연수가 아닌 풍미이다." 본질적으로 이는 당연히 맞는 표현이다. 오크통에서 12년 혹은 그 이상 숙성된다고 위스키가 만족스러울 거라는 보장은 없다. 하지만 그건

● 옮긴이 주: 현재는 딘스턴 증류소 매니저이다.

베른하르트 쉐퍼

숙성 연수 표기가 없는 위스키도 마찬가지이다.

캐나다의 위스키 전문가 다뱅 더 커고모는 이런 주제에 관해 다음과 같은 생각이었다.

"숙성 연수 표기는 막 위스키를 배우기 시작한 사람들에게 훌륭한 보조 바퀴 역할을 하며, 풍미를 느끼는 걸 전혀 배우지 못하는 사람들에게 버팀목 역할을 합니다. 얼마나 돈을 썼는지 자랑하고 싶은 사람들에겐 공로 훈장 같은 것이기도 하죠. 그렇기는 하지만 과거와 현재엔 숙성 연수가 표기된 훌륭한 위스키가 많이 있습니다. 숙성 연수 미표기 위스키가 일반적이었을 때를 기억하십니까? 그때에도 훌륭한 물건들이 있었습니다. 표기된 숙성 연수는 위스키에 관해 많은 걸 알게 되기 전까지 거의 의미가 없습니다. 블라인드 테이스팅을 하면 4년 숙성 암루트Amrut와 15년 숙성 스페이사이드 지역 싱글 몰트위스키를 구별하기 어렵습니다. 라이 위스키•도 마찬가지입니다. 증류업자들은 숙성 기간이 무척 짧은 라이 위스키를 더 흥미롭게 보이게 하기 위해서 숙성 기간이 오래된 원액을 '꾸미는' 용도로 사용하는 걸 좋아합니다. 다만 그렇게 되면 숙성 연수 표기는 못하게 되지만요. 제게 있어 가장 중요한 건 풍미입니다. 표기된 숙성 연수는 그저 풍미의 대용물일 뿐입니다. 그리고 종종 그런 물건 중에서 썩 훌륭하지 않은 것도 있고요."

개인적으로 겪었던 문제는 여태까지 시음한 숙성 연수 미표기 위스키 신제품 대다수가 예사롭지 않은 이야기(예를 들면 특별한 풍미를 내고자 블렌더가 최고의 원액을 선정했다는 등의)로 마케팅하는 경우가 잦았지만, 전혀 기대를 충족하지 못했다는 점이다. 지난 몇 년 동안 여러 환상적인 기회가 있어 많은 훌륭한 위스키를 시음했지만, 전부 마케팅에서나 하는 쓸데

• Rye Whisky, 미국 기준 호밀을 최소 51% 이상 포함하여 생산해야 하는 위스키.

없는 말이나 특별한 치장 같은 건 전혀 없었다. 이들과 비교하면 많은 신제품이 기준치도 넘지 못한다.

업계는 주문처럼 숙성 기간은 중요하지 않다고 하고 있는데, 이렇게 되면 신뢰성 문제를 피할 수 없다. 어느 정도 과거로, 그러니까 대충 20년 정도 전으로 가면 어조는 분명 달랐다. 당시 생산자들은 소비자에게 "숙성 기간은 정말 중요합니다"라고 메시지를 전했고, '5년 숙성'이나 '8년 숙성'이 레이블에 적혀 있으면 열등한 물건으로 취급했다. 물론 유럽에서도 예외는 있었다. 이탈리아인들은 '숙성 기간이 짧은' 위스키를 선호했다. 하지만 전반적으로 온갖 브랜드가 레이블에 숙성 기간을 적고 있었다.

오랜 세월 동안 블렌디드 위스키 분야에서도 같은 상황이 이어졌다. 저렴하고 매일 마실 수 있는 술은 숙성 연수 표기가 되어 있지 않았다. 하지만 아무도 당시 그런 제품들을 '숙성 연수 미표기' 제품이라고 하지 않았다. 화이트 호스, 듀어스 화이트 레이블, 조니 워커 레드, 커티 삭, 뱃69, 벨스, 발렌타인, 페이머스 그라우스 같은 상징적인 브랜드는 전부 숙성 연수 표기를 하지 않았다. 여기까지 말했다면 이해하지 못한 사람은 없을 것이다. 하지만 이 브랜드들이 선보이는 더 낮고, 더 화려하고, 더 고급스러운 몇 가지 제품은 전부 숙성 연수 표기를 하고 있다.

내 기억이 정확하다면 블렌디드 위스키 분야에서 오랜 세월 지배적이었던 패러다임을 첫 번째로 떠난 게 조니 워커 블루 레이블이었다. 마케팅 담당자들은 이 고급 숙성 연수 미표기 제품을 판매하고자 온갖 재미있는 용어를 동원했다. 분명 '고숙성 위스키 포함'이라는 단어가 레이블에 적혀 있었지만, 내겐 그런 것보다도 블루 레이블이 마스터 블렌더 모린 로빈슨의 후각을 거쳐 탄생했다는 점이 훨씬 더 중요했다. 그녀는 훌륭한 블렌디드 위스키를 만들었지만, 그래도 가격은 지나치게 비쌌다(적어도 내겐 그랬다).

베른하르트 쉐퍼

소비자에게 이득이 되는 건 무엇인가

살펴본 것처럼 생산자는 숙성 연수 미표기 영역으로 들어서면 명백한 이점이 있지만, 소비자에겐 어떤 이득이 있을까? 그들도 이런 새로운 경향으로 혜택을 받을까? 일단 생산자들이 어떻게 생각하는지를 들어보자. 증류소 라프로익의 증류소 매니저인 존 캠벨은 다음과 같은 의견을 들려주었다.

"첫 번째라고 말할 수는 없을지도 모르겠지만, 우리 증류소는 라프로익 쿼터 캐스크 제품으로 숙성 연수 미표기 제품을 시험한 증류소 중 하나입니다. 그리고 결과는 그보다 더 좋을 수 없었죠. 최근 우리 사회에서는 미각적인 경험을 추구하는 문화적인 변화가 많이 있었고, 이는 싱글 몰트 소비자들에게도 적용됩니다. 이런 원칙으로 증류소들이 실험을 진행하면 소비자들에게도 많은 선택권이 주어집니다. 심지어 같은 증류소 제품 안에서도요. 제 경험으로 보면 숙성 연수 미표기로 진정 기억에 남을 여러 위스키를 만나볼 수 있을 겁니다."

블렌더들이 본보기로 삼을 만한 인물인 존 램지*도 이런 생산에 관련된 문제를 어떻게 생각하고 있는지 전했다.

"마케팅 직원들이 숙성 연수 미표기 제품을 출시하자는 아이디어를 냈을 때 개인적으로 처음에는 부정적이었습니다. 에드링턴은 글렌로시스, 하이랜드 파크, 맥캘란에 한해 있는 그대로의 색을 소비자에게 전한다는 제도를 운영하고 있습니다. 그래서 풍미나 색 측면에서 요구되는 수준으로 숙성되지 않으면 제품을 만들 수가 없어 높은 불량률을 보입니다. 제품에 숙성 연수 표기를 하면 알맞게 숙성된 원액이 부족합니다. 숙성 기간은 괜찮은데 제대로 숙성되지 않은 것도 있고, 숙성 상태는 훌륭한데 필요한 숙

* 옮긴이 주: 2009년 은퇴한 디 에드링턴 그룹의 전 마스터 블렌더.

성 기간에 도달하지 못한 것도 있으니까요. 있는 그대로의 색을 보여주면 생산자에게나 소비자에게나 윈윈입니다. 하지만 색을 내고자 스피릿 캐러멜●을 쓰는 곳의 물건을 산다면 개인적으로는 소비자에게 손해라고 생각합니다."

존 램지의 말을 들어 보니 두 가지가 흥미롭다. 하나는 적어도 에드링턴에서는 숙성 연수 미표기 위스키의 대두를 주도한 사람들이 생산 쪽보다는 마케팅 쪽 사람이라는 것이다. 다른 하나는 바로 색에 관한 문제이다. 짧은 숙성을 거치면 위스키에 색이 덜 입혀지고, 따라서 많은 신제품이 스피릿 캐러멜과 냉각 여과의 영향을 받게 된다.

소비자 관점에서 봐야 할 양상은 한 가지 더 있다. '특별히 선정된 오크 통에서' 혹은 '전문가에 의해 블렌딩된' 같은 정보는 소비자에게 전혀 도움이 되지 않는다. 이는 제품에 관해 정보를 주려는 의도는 보이고 싶지만, 실제로는 그렇게 하지 않는 그야말로 제품 주변을 둘러싼 안개 같은 말이다.

미국 위스키 업계에서 가장 정통한 사람 중 하나인 척 카우더리는 이런 생각을 전했다.

"숙성 연수를 표기한다고 위스키의 풍미가 더 나아지거나, 더 나빠지거나 하는 게 아닙니다. 하지만 자기가 마시는 술에 관해 최대한 정보를 얻고 싶은 사람들에겐 숙성 연수 표기는 플러스입니다. 정보는 항상 적은 것보다 많은 게 나아요. 그런 이유로 저는 생산자가 최대한 많은 정보를 공유할 때 '나를 소비자로서 존중하는구나'라는 생각을 하곤 합니다."

내가 위스키를 마셨던 기간 중 거의 대부분에서 숙성 연수 미표기 제품이 있을 필요가 없었다. 업계는 단 한 번도 숙성 연수가 표기되지 않은 위스키가 소비자에게 이득이라고 하거나, 혹은 12년 숙성 위스키를 만들어

● Spirit caramel, 'E150a'라는 착색제로 주로 증류주에 색을 입히고자 사용한다.

베른하르트 쉐퍼

야 하는 일이 제약이었다고 주장하지 않았으며, 그래서 논쟁이 벌어질 일도 없었다.

오늘날 위스키 수요는 빠르게 늘어나고 있으며, 생산자는 이뤄낸 성공에 희생당하고 있다. 규모가 크건 작건 모든 회사가 성장은 물론 수익도 더 늘려야 한다는 똑같은 법칙에 휘둘리고 있다. 증류주 업계는 단 한 가지 차이만 제외하면 식품 업계와 같은 방향으로 나아가고 있다. 그 차이는 바로 증류주 업계에 적용되는 법이 일반적인 식품 업계에 적용되는 법보다 훨씬 엄격하고 제한적이라는 것이다. 저비용으로 빠르게 대량 생산을 하는 건 쉬운 일이 아니다. 군이 비교하자면, 제빵 업계 같지가 않다.

숙성 기간이 짧은 위스키에 향이 강렬한 오랜 숙성을 거친 위스키를 섞어 마무리 손질하는 일이 크게 늘어나고 있는 지금, 나는 우리가 과거에 누렸던 위스키의 원숙함 일부를 잃고 있는 것이 아닌지 걱정된다. 훌륭한 숙성 연수 미표기 위스키를 만들어 내는 일은 가능하다. 하지만 동시에 소비자의 미각을 떨어뜨리고, 나아가 확립하는 데 오랜 세월이 걸린 양질, 즐거움, 숙성이라는 위스키의 이미지를 파괴하는 일도 벌어질 수 있다.

그렇다면 미래엔 어떤 일이 벌어질까? 내 생각엔 숙성 연수가 표기된 위스키는 전체가 아닌 일부 시장에서만 구매할 수 있을 것이다. 그리고 이런 위스키는 갈수록 비싸질 것이다. 동시에 우리는 고급스럽고 특별하다고 마케팅하는 환상적이고 값비싼 숙성 연수 미표기 제품도 더 많이 볼 수 있게 될 것이다. 그런 제품 중 몇몇은 훌륭하겠지만, 나머지는 그저 평범할 것이다. dramming.com의 올리버 킬리멕은 관련하여 이렇게 주장했다.

"위스키엔 숙성 연수 표기가 필요 없습니다. 하지만 새로 등장한 숙성 연수 미표기 위스키가 같은 가격대, 혹은 더 저렴한 가격대에 있는 같은 증류소의 숙성 기간을 적어둔 위스키보다 품질 면에서 나을 것이 없다면 그

건 잘못된 거죠. 불행하게도 이런 일은 더 자주 일어나고 있습니다."

글을 마치는 말은 내 동료이자 '키퍼 오브 더 퀘이치•'인 이언 윌리엄스의 말로 대신하고자 한다. 그는 은퇴하기 전에 카두 증류소에 있는 조니 워커 센터에서 조니 워커의 전통을 수호하고 보존하는 역할을 맡은 바 있다.

"숙성 연수를 표기한 제품이냐, 혹은 아니냐의 문제로군요. 사실 둘은 공존할 수 있고, 반드시 그래야 합니다. 다행스럽게도 저는 오래 숙성된 많은 탁월한 위스키를 시음하는 특권을 누렸습니다. 동시에 충분히 숙성되지 않은, 즉 '젊은' 위스키이지만 놀라울 정도로 훌륭한 위스키도 많이 즐겨봤죠. 당연히 그것도 특권이었습니다. 어쨌든 제 철학은 늘 같았습니다. 그건 바로 스카치위스키에는 편견 없이 열린 마음으로 접근해야 한다는 거죠."

(2015)

• Keeper of the Quaich, 최소 5년 동안 스카치위스키 업계에 뛰어난 업적을 남겼을 때 부여되는 명예로운 직함. 추천으로만 선정된다.

베른하르트 쉐퍼

위스키를 마시는 가장 완벽한 방법

닐 리들리

몇십 년 동안 전 세계 애주가들을
매혹하면서도 좌절하게 한 의문은 바로
'어떻게 위스키를 마셔야 할 것인가?'였다.
이 의문은 특히 얼음, 물과 관련하여
열띤 논쟁이 벌어지게 했으며,
최근엔 칵테일 분야도 이 논쟁에 빠져
잦아들 기미가 보이지 않는다.
닐 리들리가 완벽한 음용법을 찾으며
업계 전반의 이야기를 전한다.

"모든 사람이 알죠. 위스키에 섞을 수 있는 유일한 것은 바로 다른 위스키라는 걸." 한 신사가 우쭐거리며 쏘아붙였다. 이 사람은 바로 몇 초 전에 모든 블렌디드 위스키가 '완전히 쓰레기'이며, 블렌디드 위스키를 구성하는 데 쓰인 싱글 몰트위스키가 단독으로 싱글 몰트가 되기에는 부적합한 것이라고 말하기도 했다. 분명 긴 밤이 될 것 같았다.

내가 진행하는 시음회의 목적은 위스키가 세계적인 증류주로서 어떤 상황, 어느 환경에서든 적합한 술이라는 걸 보여주는 것이었다. 하지만 나는 그렇게 지독할 정도로 독선적인 애주가를 만나리라고는 전혀 예상하지 못했다. 그가 아예 시음회를 자신을 위한 독무대로 바꿔놓을 작정이었던 건 둘째로 치고라도 말이다.

"그렇다면 선생님은 일본식 하이볼이 안겨주는 헤아릴 수 없을 정도의 즐거움은 아직 누리지 못하신 거네요." 나는 어느 정도는 누군가 끼어들어 내 주장을 지지해주길 기대하며 이렇게 대응했다. "말이 됩니까? 위스키에 물을 섞는 건 배신이에요, 배신. 위스키가 가지고 있는 힘이나 풍미가 다 사라진다고요." 그가 즉답했다. 나는 살짝 한숨을 쉬며 그가 주장하는 바의 절반은 실제로 사실일지도 모른다고 생각했다.

물론 내가 지극히 도발적인 내용으로 글을 시작했다는 점은 인정한다. 위스키 애호가들 대다수에게 위스키를 즐기는 법에 대한 논쟁은 따라 놓은 위스키 몇 잔을 마시면서 장난기 가득하게 대화할 수 있는 주제이다.

물은 얼마나 넣어야 과한가? 얼음은 때때로 필요한가, 아니면 아예 필요하지 않은가? 칵테일 구성 요소로서 싱글 몰트위스키가 사용되면 신성 모독인가, 아니면 미각의 센세이션인가?

내게 있어 앞서 언급한 도쿄의 어느 바에서 마셨던 하이볼은 전혀 예기치 못한 경험이었다. 나는 아예 생각도 못했던 방식으로 라프로익 10년에 새롭게 눈을 뜨게 되었다. 글렌로시스 1985년 빈티지와 마멀레이드, 더

할 나위 없이 차갑게 해둔 쿠프 잔coupe glass을 활용하여 내어준 탁월한 칵테일도 마찬가지의 인상을 남겼다. 다양한 여행을 하며 내가 배운 점은 위스키를 마시는 데 올바르지 않은 방식은 확실히 없다는 것이다. 대체로 그저 다르게 보이고 싶다는 야심에 불타는 소수가 최종 결과물의 즐거움을 가리고 있는 것일 뿐이다.

그렇다면 위스키에 다른 위스키가 아닌 어떤 걸 섞는 걸 우리는 예전부터 늘 못 미더워했을까? 디아지오의 닉 모건 박사는 그렇게 생각하지 않았다.

"1800년대 사람들이 싱글 몰트위스키를 담은 멋진 작은 잔을 들고 둘러앉아 한 모금 머금으며 '세상에, 이렇게 훌륭할 수가!'라고 말했을 거라는 생각은 사실과 전혀 다릅니다." 그는 이렇게 지적하며 내게 당시 시장에 나왔던 두 가지 위스키 광고를 보여줬다.

한 가지 광고의 소제목은 엄청난 말을 전하고 있었다. '그로그•나 토디◆에 좋습니다'. 다른 광고는 조지 왕조 시대 혹은 초기 디킨스 소설에 나올 법한 약간 뚱뚱한 신사가 편안히 앉아 보모어 위스키를 잔에 담아 즐기는 모습을 보여줬는데, 그 옆엔 여러 개의 레몬과 각설탕이 담긴 통이 있었다. 게다가 한술 더 떠서 그것을 '추천 음용법'이라고까지 했다. 이 얼마나 끔찍한 일인가?

"이시가 바하■는 실제로 그 기원이 혼합주 용도였습니다." 다른 것을 섞지 않고, 증류기에서 바로 나온 순수한 증류주를 즐기는 게 아니란 뜻이었다. 모건은 말을 이었다. "허브, 향신료, 꿀을 쓰는 몇 세기를 거친 음용법이 많습니다. 핫 토디와 위스키 사워는 오늘날까지 남아 있는 두 가지죠.

• Grog, 럼과 물을 반씩 섞은 술.
◆ Toddy, 독한 술에 설탕과 뜨거운 물을 넣고 때로는 향신료도 넣어 만든 술.
■ Uisge Beatha, 현대 위스키의 기원으로 보는 증류주.

물론 블렌딩도 활발했죠. 받아들이기 쉽지 않은 강한 풍미를 블렌딩을 통해 새로운 풍미로 바꿔놓았으니까요. 하지만 당시에도 이런 블렌디드 위스키마저 대다수 소비자에겐 지나치게 강했고, 그래서 '그로그나 토디에 좋습니다' 같은 광고 문구가 생겨난 겁니다."

위스키는 새로 활력을 불어넣는 음료의 기본 성분에서 훨씬 더 상쾌한 무언가로 나아갔다. 위스키소다는 일부 애호가라면 몸서리칠지도 모른다. 거품이 나는 걸 섞어 위스키를 더 신나게 만들긴 했지만, 풍미를 왜곡하여 균형을 무너뜨렸으니까. 하지만 닉 모건 박사는 20세기로 접어들 즈음에 거의 모든 곳에서 소다가 등장했음을 지적했다.

"위스키와 소다수는 19세기 말에 등장했고, 거의 모든 광고에서 위스키와 소다 병이 짝을 이뤘습니다. 위스키의 특징이 지나치게 묵직하다는 건 그 당시의 경향이었고, 블렌디드 위스키는 그때에도 여전히 새로운 것이었습니다. 따라서 사람들에게 위스키를 마시는 법을 알리는 게 필요했죠. 신사들의 사교 모임에서 위스키는 브랜디를 대체하고 소다와 어울렸습니다. 당시에 얼음은 대중성이 없었습니다. 특히 영국에서는 더욱 그랬죠. 수돗물도 늘 마시기 적당한 상태는 아니었습니다. 따라서 거의 농축액 같은 취급을 받던 위스키를 오래 즐기고, 풍미도 많이 끌어내면서 생생함까지 부여하려면 소다가 확실한 선택이었습니다."

그렇다면 건강에도 이점이 있지 않을까?

"미래엔 분명 소화제처럼 여겨질지 모를 일이죠." 그가 말을 이었다. "증류업자들은 위스키의 건강상 이점에 관해 터무니없는 주장도 불사하니까요. 위스키와 탄산수가 통풍이나 담즙변에 좋다는 말을 할지도 몰라요!" 그가 웃으며 말했다.

일본에서 시작된 하이볼 열풍

1950년대(영국보다 50년 정도 늦었을지 모르지만) 일본에서는 새로운 애주가 세대가 나타나 거품이 나는(그러면서도 아주 차가운) 음료를 원했다. 어떤 사람은 혼합주를 만드는 데는 스카치위스키보다 일본 위스키가 훨씬 적합하다고 주장한다. 나는 그 어느 때보다도 오늘날 하이볼 문화가 더욱 굳건하다는 점이 흥미로웠고, 그래서 살펴보고 싶었다.

"'자연적으로' 생긴 상황은 아니죠. 의도적으로 키운 상황입니다. 다양한 역사적, 문화적, 상업적 영향력이 하이볼과 미즈와리•를 일본에서 대중적인 위스키 소비 방식으로 만든 거죠." 일본 위스키 웹사이트 논자타www.nonjatta.com의 수석 편집자 스테판 판 아이켄이 자신의 생각을 말했다.

"1950년대 말까지 일본에서 위스키는 대부분 그대로 마시거나 소다를 섞어 마셨습니다. 1950년대 말에서 1960년대 초 일본엔 전기 사용 붐이 일었고, 그 결과 냉장고는 일본 가정 어디에서나 찾아볼 수 있게 되었습니다. 이 덕분에 미즈와리 방식으로 위스키를 소비하는 게 인기를 얻었습니다. 하이볼을 마시려면 소다를 사야 합니다. 하지만 미즈와리를 마시려면 수도꼭지에서 물을 받고(일본 수돗물은 언제나 고품질이다) 냉장고에서 얼음을 가져오면 끝이죠. 1970년대에 산토리는 일본 전역의 전통적인 식당을 설득했습니다. 위스키를 미즈와리나 하이볼로 내면 그들의 음식을 완벽하게 보완해줄 거라고요. 나머지는 역사 그대로입니다. 항간의 이야기로는……"

그렇다면 그런 음용 방식이 일본에서 그토록 오랜 기간 동안 전설적인 성공을 거둔 이유는 무엇일까? 오늘날 일본인들이 자국 위스키에 보내

• 하이볼과 형식은 같지만, 탄산이 없는 물을 섞는다.

는 관심은 서서히 사라지고 있지만, 그나마 유일하게 관심을 지탱하는 게 하이볼 현상이다.

"받아들여야죠. 하이볼은 일본 위스키 소비 문화에서 그 비중이 막대하니까요." 판 아이켄이 말했다. "사람들은 잘못된 인상을 가지는 경향이 있어요. 일본에서 위스키를 마신다고 하면 돈 많은 남자가 고급 클럽에서 고숙성 가루이자와Karuizawa 위스키를 마시는 거라고 생각하는데, 사실과 전혀 달라요. 완전히 틀린 말이죠. 그렇다면 가루이자와 같은 증류소들은 왜 문을 닫아야 했을까요? 그런 걸로 봐도 절대 사실이 아닙니다. 일본에서 소비되는 위스키 대부분이 오래 마시는 용도로 쓰입니다. 음식과 잘 어울리고, 대량으로 마실 수 있기 때문이죠. 이게 바로 퇴근 후에 회식에서 나타나는 중요한 양상입니다."

특정 일본 위스키는 명백히 오래 차갑게 마실 수 있도록 만들어진다. 실제로 닛카nikka whisky의 '프럼 더 배럴From The Barrel'과 '코피 그레인Coffey Grain'은 닛카가 제시하는 더욱 진보적인 음용 방식을 대표하는 제품이다.

"최근에 출시한 프럼 더 배럴, 코피 그레인, 코피 몰트는 그대로 즐길 수도 있고, 칵테일에 사용되어도 훌륭하죠." 닛카의 국제 영업을 총괄하는 카지 에미코가 말했다.

"이 제품들은 우리 회사에 점점 매우 중요한 존재가 되고 있습니다. 소비자 층을 넓히고 다른 증류업자와 닛카를 차별화하니까요. 우리는 유럽 바텐더와 소매업자에게 많은 걸 배웠고, 프럼 더 배럴의 잠재력을 재발견했습니다. 이제 우리는 칵테일에서 위스키가 중요하다는 점을 완벽하게 깨달았고, '닛카 퍼펙트 서브● ' 같은 기회를 통해 바 업계에 우리 회사의 위스키를 스며들게 하는 걸 목표로 삼고 있습니다."

● Nikka Perfect Serve, 유럽에서 열리는 혁신적인 바텐더 경연 시리즈. 닛카가 주최하는 전 세계 바텐더를 대상으로 하는 연간 경연. 테마는 매년 바뀌며, 경연은 전 세계 대도시를 순회하며 개최된다.

닐 리들리

마찬가지로 산토리도 새롭게 디스틸러스 리저브 한 쌍을 출시했다. 두 제품은 야마자키와 하쿠슈 증류소에서 나온 숙성 연수 표기가 없는 싱글 몰트위스키이다. 이 제품들은 얼음과 곁들여 더 오래 마실 수 있는 방향으로 나아가려는 것처럼 보인다. 산토리는 물을 섞으면 강렬하고 스파이시한 풍미가 발전되며, 무척 독특하고 상쾌한 음료가 될 수 있다고 한다.

이 두 제품은 논란의 여지가 없는 산토리의 명작인 블렌디드 위스키 가쿠빙(병당 7유로 정도의 가격이다)과 함께 얼음을 곁들인 미즈와리나 하이볼 방식으로 거의 소비될 것이다.

"가쿠빙이 시장에서 먹힌다는 걸 모르는 사람은 없습니다." 스테판 판 아이켄이 말했다. "왜 먹히는지는 참 설명하기 힘들어요. 하지만 비싸지 않다는 건 분명하니까요. 그저 하이볼이나 미즈와리로 마실 때 훌륭할 뿐입니다. 산토리는 요한계시록의 네 기사가 와서 제조법을 알려달라고 해도 절대로 알려주지 않을 겁니다."

물과 얼음이 위스키에 미치는 영향

그렇다면 스테판은 스카치위스키(특히 싱글 몰트위스키)가 일본 위스키처럼 오래 마실 수 있는 용도로 발전할 수 있다고 생각할까? 아니면 그렇게 변하는 게 과한 부담이라고 여길까?

"스카치위스키가 일본식 하이볼이나 미즈와리 제조 환경에 효과적이지 않다고 생각하지 않습니다. 그럴 이유도 없고요." 그가 결론을 내렸다. "그건 위스키마다 다른 이야기입니다. 예를 들어 탈리스커 10년은 일본에서 하이볼로 무척 인기가 있습니다."

자자, 칼날은 그만 갈고, 횃불도 내려놓도록 하자. 탈리스커는 그 플레이버 프로파일을 계속 유지하여 문자 그대로 일류 싱글 몰트위스키 중 하나이다. 하지만 동시에 혼합주 세계에서는 새로운 발견으로 받아들여지기도 한다. 후춧가루를 추가로 넣은 탈리스커 하이볼(닉 모건 박사는 이를 훌륭하다고 평했다)부터 런던에서 가장 진보적인 바bar인 화이트 라이언•의 소유주 라이언 체티야와다나의 손에서 탄생하는 것까지 그 범위는 다양하다. 체티야와다나는 스카이 섬에서 온 이 에너지 넘치는 물건이 풍미 분야에서 싱글 몰트위스키가 어디까지 나아갈 수 있는지 보여주는 좋은 예라고 했다. 이런 일에 예민한 사람은 지금부터는 고개를 돌리는 편이 나을지도 모른다.

"우리가 탈리스커로 했던 일은 전통에서 많이 벗어나는 일이죠." 그가 말했다. "우리는 탈리스커 10년이라는 증류액에서 나무 부분을 떼어냈고, 견과류, 나무, 이탄 부분을 활용하여 아이스크림을 만들었습니다. 그 위에 이탄 향을 입힌 라즈베리 시럽을 곁들여 냈죠. 증류액 부분은 올드 패션드 칵테일을 만드는 데 활용했어요. 각설탕에 오렌지 비터를 뿌리고 얼음을 올려 냈습니다. 둘 다 명백한 탈리스커 10년이에요. 그저 완벽히 다른 방식으로 해석한 거죠."

체티야와다나의 풍미에 관한 선구적인 접근법에 발맞추어 화이트 라이언은 음료에 얼음을 쓰는 걸 삼간다. '바'라는 걸 생각하면 참 기이한 일처럼 보인다. 그렇다면 그가 생각하기로 물과 얼음은 위스키의 복합성을 얼마나 많이 변하게 할 수 있을까? 그리고 그 이면에 있는 과학적인 사고는 무엇일까?

"양에 따라 다른 거죠. 음료의 25%가 물이라면 엄청난 차이가 있죠. 런던에서 차나 커피를 마시는 사람들이라면 누구나 증명할 수 있을 겁니

• 옮긴이 주: 현재는 폐업했으며, 사장인 라이언은 2017년 '수퍼 라이언'이라는 이름의 새로운 바를 열었다.

다. 물을 몇 방울 떨어뜨리는 건 그리 큰 차이가 없어요. 하지만 애초에 훌륭한 물건이 있는데 왜 표준 이하의 것으로 품질을 떨어뜨리려고 하죠? 다른 무기물 내용물도 풍미와 질감에 마찬가지로 영향을 줄 수 있습니다."

누군가는 분명 이 일에 그레임 린지가 나서야 한다고 생각할 것이다. 그는 이시가 소스Uisge Source라는 회사를 설립했는데, 스코틀랜드의 특징적인 위스키 지역에서 가져온 물을 담아 판매하고 있다. 이 회사는 특히 자사의 물이 싱글 몰트위스키에 넣는 데 쓰여야 한다고 주장하고 있다.

"위스키의 진가를 알기에 이상적인 물을 찾아내는 과정에서 자주 들은 말은 '위스키를 만든 지역에서 난 물이 위스키에 넣기 가장 좋은 물'이라는 것이었습니다. 직관적으로 이해가 되더군요." 그레임이 말했다. "'같은 걸 더 넣음으로써' 위스키의 진정한 특성을 유지할 수 있는 거죠."

그렇다면 그에 대한 과학적인 근거는 무엇일까? 회의론자들을 위해 (굳이 말해야 한다면 나 역시 이 안에 포함된다) 그레임은 꼼꼼하고 세세하게 물 제품 각각의 화학적 구성을 설명했다.

"스코틀랜드 증류소들은 명백히 서로 다른 무기물 구성과 pH 지수를 보이는 물을 사용합니다. 특정 지역에서 드러나는 지질학적 특성 때문에 이런 차이가 생겨나는 거죠. 아일라 섬에서 가져온 물은 이탄을 지나 여과가 됨으로써 자연스럽게 산성이 높습니다. 하이랜드에서 가져온 물은 헐겁고 잘 부서지는 암반층, 즉 적색 사암과 석회암으로 된 층을 통과하여 경수가 됩니다. 스페이사이드 지역 증류소 대다수는 연수를 사용하죠. 화강암을 통해 여과되었기 때문입니다."

"위스키를 만드는 데 쓰인 같은 지역 혹은 저수지의 물은 화학적으로 같은 물일 가능성이 큽니다. 그렇게 되면 위스키의 근본적인 특성을 유지할 수 있습니다. 위스키에 해를 미치거나 변하게 할 어떠한 화학적 요인도 없는 것이니까요."

들어 보니 나름 타당한 과학적 원리가 있는 것 같다. 하지만 이건 그저 이목을 끌기 위한 장치가 아닌가? 싱글 몰트위스키 애호가들은 때때로 과하게 몰입하는 경향이 있는데, 그걸 건드리려는 건 아닌가?

"몇몇 사람은 제게 위스키에 물을 타서 품질을 떨어뜨리고 싶지 않다고 합니다. 제 생각에 그건 증류수나 수돗물을 넣었기 때문에 벌어지는 일입니다." 그레임이 지적했다.

"증류수엔 무기물이 없으니 희석에 불과할 뿐이죠. 수돗물의 화학적 성분이 들어가면 위스키에 해만 미칩니다. 이시가 소스가 수원에서 가져온 물에는 무기물이 있으니 실제로 물을 타서 위스키가 '더 나아지는' 겁니다. 무기물과 pH는 풍미를 '더 돋우고', 위스키의 특징에 따라 다른 방식으로 상호 작용합니다. 그렇게 위스키의 진가를 더욱 드러내는 거죠."

싱글 그레인위스키로 돌아가다

관련 논쟁이 계속될 것이고, 많은 의견이 등장할 것이라는 점은 분명하다. 하지만 그레임은 물과 얼음의 무기물 구성에 관해 나름 효과적인 관점을 제공했다.

호주 태즈메이니아 섬에 있는 올드 호바트 증류소Old Hobart Distillery는 웰링턴 산의 수원에서 가져온 물로 자사 위스키(모두 단 하나의 오크통에서 꺼낸 것이다)의 알코올 도수를 낮춘다. 그들의 위스키는 완벽한 무기물 균형을 보인다. 같은 물을 병에 담아 해외 행사에 참가하는 호주 올림픽 대표팀에게 매번 제공한다는 건 놀랄 일이 아니다.

젊은 위스키 소비자에게 집중하는 시장이 부상하면서, 가볍고 오래 마실 수 있는 음용 방식에 잘 맞는 새로운 제품이 점점 번창하고 있다. 기존 위스키 팬에게도 가장 매력적일 분야는 그레인위스키일지도 모른다. 부분적으로는 이 공을 디아지오의 그레인위스키인 헤이그 클럽Haig Club에 돌려야 한다. 이 제품은 출시할 때 축구의 전설 '데이비드 베컴'과 협업한 바 있다.

하지만 기존 위스키 팬의 세상과 새로운 위스키 소비자의 세상을 아우르려고 진정으로 시도한 건 윌리엄 그랜트 앤 선즈와 거번The Girvan Patent Still의 싱글 그레인위스키 제품들이다. 나는 소비자의 의식 구조에 그레인위스키의 자리를 규정하는 떠오르는 음용 방식이 있는지 알아내고 싶었다.

"아직 초창기예요." 윌리엄 그랜트 앤 선즈의 마케팅 및 혁신 책임자인 케빈 아브룩이 자신의 생각을 전했다. "25년 넘게 충분히 숙성된 제품들은 환상적이고 복합적이며 꿀 느낌 가득한 크렘 브륄레 같은 플레이버 프로파일을 보여줍니다. 있는 그대로 즐길 때 가장 좋죠. 하지만 마라스키노 체리와 얼음을 더하는 것만으로도 놀라운 음료가 됩니다. 넘버 4 앱스•에 신선한 레몬을 짜서 즙을 넣고, 그 위에 얼음을 채워 소다수를 부으면 여름에 오래 즐길 수 있는 훌륭한 음료가 됩니다."

윌리엄 그랜트 앤 선즈는 전통적인 싱글 몰트위스키 소비자를 어떻게 볼까? 그들은 위스키를 마시는 새로운 방식에 반기를 든 거부자들일까, 아니면 예상하고 적응할 수 있는 사람들일까?

"당연히 후자죠." 아브룩이 말했다. "전통적인 싱글 몰트위스키 소비자들은 선천적으로 호기심 많고 실험적인 사람들입니다. 그들은 최신 위스키를 마시고 싶어 합니다. 그들에게 키워드는 '싱글'입니다. '한 곳의 스타일'이라는 뜻이죠. 그레인위스키가 모든 싱글 몰트위스키 소비자의 입맛

• No. 4 Apps, 미국산 오크통에 숙성한 알코올 도수 42도의 그레인위스키.

에 맞지는 않을 겁니다. 하지만 거번은 가능성이 있습니다. 싱글 몰트위스키와는 다르다는 게 그 이유입니다. 그 자체로 싱글 몰트위스키 소비자에게도 새로운 걸 시도할 기회를 주니까요.”

완벽한 음용 방식을 찾는 양상은 실제로 위스키 사업의 모든 분야에 침투한 것처럼 보인다. 데이브 브룸이 펴낸 책 『위스키 설명서Whisky: The Manual』는 위스키를 즐기는 수많은 새로운 방식에 집중한다.

순수주의자는 주의하라. 이 부분을 넘기고 싶을지도 모르니까.

“몇몇 사람들을 자기만족에서 빠져나오게 하려고 이 책을 썼죠. 그리고 위스키를 처음으로 시도해보는 다른 사람들에게 열의를 불어넣으려는 의도도 있었습니다. 바텐더들이 매력적인 음료를 만들 수 있는 환상적인 풍미의 원천으로 위스키를 보고 있으니까요.” 저자가 말했다.

그렇다면 책을 펴낸 이후 저자는 살해 위협을 받거나 우편함에 정도를 벗어난 액체가 부어져 있는 일을 겪은 적이 있을까?

“아직은요.” 그가 웃으며 말했다. “하지만 출판하고 처음 개최한 시음회에서 마케터들이 ‘반발’이라고 부르는 반응을 겪은 적은 있습니다.” 그가 농담조로 말했다.

“제가 컴퍼스 박스Compass Box의 블렌디드 위스키 그레이트 킹 스트리트Great King Street에 소다를, 혹은 발렌타인에 진저에일을 넣어 보라고 말하면 사람들은 깜짝 놀랍니다. 물론 방에서 살아서 나온 것만으로도 운이 좋았다는 걸 잘 알죠. 지난번엔 라가불린에 콜라를 넣어 보라고 하기도 했습니다.” 이런 신성 모독이!

“놀라운 건 뉴올리언스부터 남아공까지 전 세계에서 나타나는 반응이 무척 다르다는 거였죠.” 그가 말을 이었다. “몇몇 사람은 ‘오, 한번 해볼까?’라는 식이었다면, 다른 몇몇 사람은 놀라울 정도로 저항이 심했습니다. 제

닐 리들리

가 글래스고에서 자랄 때 바bar엔 수도꼭지가 있었어요. 위스키에 수돗물을 넣어 마시라고요. 레모네이드 병도 있었습니다. 그게 바로 위스키를 즐기는 방식이었어요."

흥미롭게도 데이브는 하이볼과 그것이 어울리는 사회적 상황이 위스키에 또 다른 사회적 입지를 제공한다고 했다.

"남미로 가면 탁자에 위스키 한 병이 있고, 얼음이 가득 담긴 큰 양동이와 물이 있습니다. '마시고 죽자'는 식이죠. 물론 문자 그대로로 말한 건 아닙니다. 여하튼 그곳에서 위스키는 식사를 마치고 마시는 게 아니에요. 상황이 방식을 이끄는 거죠. 서양에서 우리는 우리만의 방식을 조금 잃고 있습니다."

참고로 그는 라가불린과 콜라를 1:1로 섞으면 뛰어난 음료가 되며, 가난한 자의 디스틸러스 에디션이 되어준다고 했다. 그는 또한 위스키와 무척 의외라고 생각한 믹서•의 궁합을 새로운 발견이라며 이야기했다. "시그램스 VO◆와 코코넛 워터를 섞으면 그야말로 마술과도 같습니다. 마치 누군가가 안경을 바꿔치기한 느낌이죠. 그렇게 경이로울 수가 없어요!"

눈을 뗐다가 다시 돌아왔다면 따뜻하게 환영하는 바이다. 몇몇 뛰어난 위스키들이 있는 건 의심할 여지가 없는 사실이다. 비유를 드는 걸 먼저 양해해 달라. 하지만 모두가 알몸 수영을 즐기느라 여념이 없는 해변에 쓰리 피스 트위드 정장을 입고 올 이유가 있을까? 때로는 다 벗어 던지고 물에 바로 뛰어드는 것도 가치 있는 일이다. 그나저나 내 스노클은 어디 있지?

(2015)

- • 옮긴이 주: mixer, 칵테일 등에 사용되는 무알코올 재료로 주스, 시럽 등이 여기 포함된다.
- ◆ 캐나다산 블렌디드 위스키.

오크통이 왕이다

찰스 머클레인

싱글 몰트위스키의 풍미에
영향을 주는 모든 요소 중에서도
위스키를 숙성하는
오크통의 영향력이 가장 강하다.
조금만 생각해보면
이는 완벽하게 맞는 말이다.

갓 증류한 원주◆ 한 배치◆를 생산하는 데는 나흘에서 닷새면 족하다. 이는 맥아를 분쇄하여 증류한 원액으로 오크통을 채우기까지 걸리는 모든 기간을 더한 것이다. 원주는 오크통 안에서 3년, 5년, 10년, 12년을 보낸다. 하지만 시간은 단순히 하나의 요소에 지나지 않는다. 오늘날의 마스터 블렌더들은 레이블에서 숙성 연수 표기를 제외할 시기를 아주 빠르게 결정한다. 그들은 또한 소비자가 위스키의 풍미에 관해 스스로 결정을 내릴 수 있도록 권유하는 데도 도가 텄다. 오크통을 만드는 데 사용된 오크의 종류, 나무를 건조할 때 쓰는 방식, 오크통이 증류주 숙성에 사용된 횟수, 리쥬버네이션◼ 여부, 이전에 오크통에 숙성됐던 술, 원액과 주변 숙성 환경 사이에서 일어나는 반응 등은 모두 중요하다. 하지만 숙성된 위스키의 풍미에 영향을 주는 이런 사항들을 고려하기 전에 통과 통 제작에 관련된 역사를 짧게 이야기하고자 한다.

나무통은 아주 오래전부터 존재했다. 통널★로 제작된 통은 기원전 3천 년 이집트 무덤에 그려진 벽화에서도 발견된다. 처음으로 현재의 통 형태가 나타난 건 기원전 1570~1544년 이집트 제18왕조 때라고 알려졌다. 이런 형태는 아주 튼튼하고, 이중 아치 구조라 내용물이 꽉 찬 상태이더라도 비교적 쉽게 굴리고 돌릴 수 있었다. 철을 도구로 활용하는 방법을 알아낸 그들은 통널을 꽉 묶을 고리를 만들게 되었고, 이로 인해 통 제작 분야에서 중대한 진전이 이루어졌다.

- 증류한 다음에 숙성하기 위하여 일정 기간 통에 담아 저장한 위스키의 원액. 여기서 원주는 증류기에서 갓 나온, 아직 스카치위스키라고 부를 수 없는 원액을 뜻한다.
◆ batch, 한 번에 만들어내는 음식 등의 양.
◼ rejuvenation, 숙성에 여러 차례 사용된 오크통 내부를 긁어내고 다시 그을려 숙성 영향력을 어느 정도 되돌리는 작업.
★ 통나무를 켜서 나온 그대로의 널.

찰스 머클레인

이런 기술은 기원전 11세기 후반 유럽에 들어왔고, 이후 500년 동안 점차 북쪽으로 퍼지게 된다. 와인이 통에서 새지 않게 하는 기술을 개발한 건 기원전 350년경의 북부 켈트족이라는 게 일반적인 생각이다. 서기 1세기 동안 그런 통은 갈리아에서 로마로 와인을 옮기는 데 쓰였다. '통 제작자'를 뜻하는 '쿠퍼cooper'라는 단어는 일리리아Illyria와 갈리아치살피나Cisalpine Gaul의 와인 생산자에서 유래한 것이다. 그 두 곳에서 와인은 '쿠팔cupal'이라고 하는 나무통에 보관되었고, 이 통을 만드는 사람은 '쿠파리우스cuparius'라 불렸다.

로마인들은 술을 보관하는 데 암포라●를 활용하는 걸 선호했지만, 곧 나무통을 받아들였다. 로마에 있는 트라야누스 기둥에 나타난 돋을새김에는 와인을 담은 나무통(오늘날의 포트 파이프와 무척 비슷하다)을 잔뜩 실은 배가 라인 강에서 영국 해협을 건너 론디니움으로 향하는 모습이 드러나 있다. 영국에서 가장 오래된 나무통은 한때 로마 도시였던 실체스터에서 발견되었는데, 서기 230년 부근까지 거슬러 올라가는 것이었다. 흥미롭게도 통널엔 숫자가 적혀 있었다. 이는 한때 통이 다시 조립되었다는 걸 나타내는 것이었다. 통이 부서져 재조립을 해야 했다면 통널은 분명 이전과 같은 순서로 조립되었을 것이다. 그래야 빈틈없이 잘 맞을 수 있었을 테니까 말이다.

> "그런 공정과 기교는 이 당시에 발전한 것이다. 이는 영업 비밀이 되었고, 가족과 소규모 집단이 철저히 그 비밀을 지키고 유지했다. 이후에 그런 비밀은 조합으로 이어졌고, 아버지는 아들에게, 스승은 제자에게 기술을 전했다. 그것이 바로 오늘날까지 이어진 것이다."
>
> 케니스 킬비Kenneth Kilby, 『통 제작자와 그들의 일The Cooper and His Trade』

● amphorae, 고대 그리스나 로마 시대에 쓰던, 양 손잡이가 달리고 목인 좁은 큰 항아리.

오크통의 종류와 특성

한때는 스코틀랜드에서 갓 증류한 원액을 어떤 나무통 안에도 넣을 수 있었지만, 이젠 오로지 오크만 활용된다. 법적으로 위스키는 '700리터를 초과하지 않는 오크'에 최소 3년 숙성되어야 '스카치'라 불릴 수 있다. 이는 나무와 위스키가 최적으로 접촉할 수 있도록 하려는 조치이다. 통이 작으면 작을수록 위스키와 접촉하는 표면은 더 넓어진다. 또한 이런 일은 스코틀랜드에 있는 보세 창고에서 진행되어야 한다. 다소 놀라운 점은 이런 필요조건이 1990년에야 법적으로 적용되었다는 것이다. 이전에는 원액을 '나무통'에서만 숙성하면 아무 문제가 없었다. 과거에는 분명 너도밤나무와 밤나무로 만든 통도 사용되었지만, 증류업자들은 오랫동안 오크통을 사용해왔는데 이는 오크의 강도와 유연성이 훌륭하기 때문이었다. 오크는 열을 가하면 갈라지는 일 없이 의도한 모양에 맞게 쉽게 구부러진다. 게다가 다공성 덕분에 내부에 있는 원액이 '숨을 쉴 수 있어' 주변 환경의 영향을 받는 것도 가능하다.

오크는 대략 600여 종이 있으며, 그 수가 가장 많은 곳은 북미이다. 미국에서 자라는 대다수 오크는 퀘르쿠스 알바Quercus Alba 속屬이다. 퀘르쿠스 알바는 '화이트 오크'라고도 하는데, 껍질 색이 하얗기 때문에 생겨난 이름이다. 하지만 대다수 나무의 껍질 색은 옅은 회색이다. 이 나무들은 주로 동부, 즉 퀘벡 주부터 플로리다 주까지에 이르는 지역에서 자란다. 서쪽으로는 미네소타 주와 미주리 주에서도 자라는데, 온갖 서식지 환경을 견디고 있다. 건조한 곳도 있고, 습한 곳도 있고, 알칼리성 토양인 곳도 있고, 산성 토양인 곳도 있고, 저지대인 곳도 있고, 고지대인 곳도 있다. 오크는 숲에서 잘 자라는데, 이런 식으로 자라났을 때는 몸통이 높고 곧으며, 가지도 적다. 가지는 목재에 옹이가 생기게 하므로 많은 건 좋지 않다. 이런 특

찰스 머클레인

성 때문에 오크는 통 제작에 훌륭한 재료이다. 오크에는 바닐린vanillin(숙성 중 바닐라 풍미를 더한다), 푸르푸랄furfural(숙성 중 캐러멜과 마지팬● 풍미를 더한다), 락톤lactones(숙성 중 코코넛 풍미를 더한다)의 함유량이 높다.

쿼르쿠스 알바의 아종◆으로는 쿼르쿠스 마크로카르파■와 쿼르쿠스 비콜로르★가 있다. 이들은 저지대의 탁 트인 공간에서 자라는 나무인데, 낮은 부분에서 가지가 나기 때문에 결에 옹이와 뒤틀림이 생겨 통으로 만들면 안에 든 액체가 새어나간다. 이 때문에 이 아종들은 통 제작에 사용되지 않는다. 하지만 2004년 글렌모렌지 증류소는 쿼르쿠스 마크로카르파로 만든 통에 11년 동안 숙성한 싱글 몰트위스키를 출시하기도 했다.

유럽에는 두 가지 주된 오크 종이 있다. 쿼르쿠스 로부르▼와 쿼르쿠스 페트라이아*가 바로 그들이다. 전자는 '옛 잉글랜드의 오크'라고 할 정도로 잉글랜드에 많으며, 스페인과 프랑스 리무쟁의 숲에서도 난다. 이 나무들은 저고도의 깊고 풍요로운 토양(때로는 탁 트인 곳)이나 널찍한 숲을 선호하여 목재로 쓰면 옹이와 뒤틀림이 쉽게 나타난다. 이 나무는 미국산 화이트 오크보다 결이 조악하고 느슨해서 통으로 만들기 더 어렵고, 톱질을 안 하더라도 쉽게 쪼개진다. 미국산 화이트 오크보다 10배까지 더 많은 타닌이 함유되어 있으며(스페인산은 그 수치가 가장 높다), 그리하여 와인과 증류주에 색, 떫은 맛, 향을 풍부하게 부여한다. 이 나무는 쿼르쿠스 알바보다 유게놀eugenol(정향 같은 풍미를 더한다), 과이어콜guaiacol(스파이시하

- ● marzipan, 아몬드를 으깨어 설탕과 버무려 만든 과자.
- ◆ 亞種, 종을 다시 세분한 생물 분류 단위.
- ■ Quercus Macrocarpa, 이 라틴어의 뜻은 '커다란 열매'인데, 꽃자루가 있는 이 나무에서 열리는 도토리 크기 때문에 붙은 이름이다, 버 오크(burr oak)라고도 한다.
- ★ Quercus Bicolor, 스웜프 오크(swamp oak)라고도 한다.
- ▼ Quercus Robur, '로부르'는 '튼튼하다'라는 뜻이 있으며, '꽃자루가 있는 오크(pedunculate oak)'라고도 알려져 있는데, 나무의 도토리와 잎이 꽃자루에서 자라기 때문이다.
- * Quercus Petraea, '돌밭의 오크'라고 하는 이 오크는 종종 '꽃자루 없는 오크'라고 불리기도 하는데, 꽃자루가 없이 잎과 도토리가 자라기 때문이다.

고 태운 풍미를 더한다), 시링알데하이드syringealdehyde(스파이시하고 스모키한 풍미를 더한다)를 더 많이 함유한다. 리무쟁산 오크는 특히 꼬냑 증류업자들이 선호하는데, 일반적으로 퀘르쿠스 알바보다는 퀘르쿠스 로부르가 더 높은 타닌 함유량 때문에 증류주 숙성에 더 선호된다.

퀘르쿠스 페트라이아는 프랑스의 지배 종이다. 트롱사, 느베르, 알리에, 보주 숲에서 주로 자라는 이 나무는 헝가리, 슬로베니아, 루마니아, 폴란드, 러시아에서도 자란다. 숲에서 자라는 이 나무는 짧은 여름 동안 위로 쭉쭉 성장하는데, 동시에 수액이 분비되어 빛과 공기와 맞서 싸운다. 길고 곧은 결을 지닌 몸통, 적은 가지는 통 제작에 이상적이다. 퀘르쿠스 페트라이아는 프랑스 와인 생산자들이 최고의 와인을 숙성하는 데 사용하는데, 퀘르쿠스 로부르보다 더 빡빡한 결을 가진 데다 대단히 세련된 풍미를 부여하기 때문이다. 퀘르쿠스 알바도 와인의 질감을 향상하고 퀘르쿠스 페트라이아보다 분명 더 풍성한 오크 풍미를 부여하지만, 그럼에도 퀘르쿠스 페트라이아가 와인 산업에서는 더 선호된다.

퀘르쿠스 페트라이아의 아종으로는 게일 오크, 콘월 오크, 웨일스 오크, 아일랜드 오크, 스코틀랜드 오크가 있는데, 이 꽃자루 없는 종들은 300미터가 넘는 고지대에서 자란다. 이런 나무들이 자라는 환경은 비가 많이 내리고 토양도 얕은 데다 모래가 가득하다. 심지어 퀘르쿠스 로부르보다도 통으로 만들기 어렵고, 나무는 작고 옹이가 많다. 하지만 이런 고충에도 하이랜드 증류소 글렌고인Glengoyne은 앵거스에 있는 자사 CEO의 집에 자란 스코틀랜드 오크로 만든 통에 마무리 숙성한 16년 제품을 2002년 선보이기도 했다.

위스키를 숙성하는 데 사용하는 마지막 오크 종은 퀘르쿠스 몽골리카*

---

* Quercus Mongolica, '몽골리안 오크', 혹은 '미즈나라 오크'로 알려져 있다.

찰스 머클레인

인데, 일본을 포함한 동아시아에서 자란다. 이 나무는 일본 증류업자들이 1930년대부터 사용해왔다. 퀘르쿠스 몽골리카는 연하고 구멍이 많아 안에 든 액체가 흘러나오기 쉬운 것은 물론 쉽게 파손되기도 한다. 그 결과 이 나무로 만든 통은 오늘날 보통 마무리 숙성에 사용된다. 바닐린을 많이 함유하고 있어 바닐라, 꿀, 꽃, 서양배와 사과 같은 신선한 과일, 육두구와 정향 같은 향신료 풍미를 내는 데 이바지한다. 유명한 일본 위스키 전문가 마신 밀러Marcin Miller는 이 나무가 우아함을 더한다며 이렇게 말했다. "이 나무는 사원에서 나는 것과 같은 향을 부여한다. 피운 향, 백단향, 동양 향신료 같은 향이 위스키에 더해진다."

아일랜드 코크에 있는 미들턴 증류소Midleton Distillery에서 숙성 책임자를 맡고 있는 케빈 오고먼Kevin O'Gorman은 증류업자들이 얼마나 진지하게 오크를 쓰는지를 이보다 더 완벽하게 드러낼 수 없는 편지를 보내왔다. 아이리시 디스틸러스Irish Distillers는 '미들턴 다르 갤라흐•'라는 시리즈로, 특정 숲에서 가져온 아일랜드 오크로 만든 새 오크통에 숙성한 싱글 팟 스틸 위스키single pot still whiskey를 한정판으로 여러 개 출시했다. 첫 제품은 킬케니 주의 발라토빈 이스테이트에서 가져온 나무에서 숙성한 것이었다. 이 시리즈를 계획하면서 케빈과 그의 동료들은 아일랜드 오크로 만든 통에서 싱글 팟 스틸 아이리시 위스키를 숙성하면 어떤 효과가 나타나는지 이해하고자 아일랜드 오크, 스페인 오크, 미국 오크 간에 나타나는 핵심적인 차이를 연구했다. 그는 편지에서 이런 언급을 남겼다.

"아일랜드 오크는 스페인이나 미국 오크보다 훨씬 빠르게 성장합니다. 기후, 습도, 더 긴 성장 시기 때문이죠. 둘과 비교하면 밀도는 낮고, 다공성은 더 높습니다. 이 때문에 필연적으로 더욱 열린 구조를 갖게 되는데,

---

• Midleton Dair Ghaelach, 게일어로 '게일 오크'를 뜻한다.

덕분에 나무에서 나오는 화합물이 더욱 빠른 속도로 강하게 안에 든 위스키에 추출됩니다.”

“우리는 아일랜드 오크에 일부 리그닌◆ 파생 화합물이 높은 수준으로 함유되었다는 걸 확인했습니다. 바닐린과 바닐산이 이에 해당되는데, 이 두 가지는 다르 갤라흐의 바닐라, 캐러멜, 초콜릿 풍미를 향상하는 데 이바지합니다. 아일랜드 오크는 또한 푸란 화합물도 높게 응축되어 있는데, 여기엔 푸르푸랄이 해당됩니다. 이런 화합물은 셀룰로오스◆와 헤미셀룰오로스▪의 열열화★로 생겨나는데, 다르 갤라흐에서 감지되는 캐러멜, 그리고 달콤하고 고소한 향을 내는 데 기여합니다.”

오크통의 제작 과정

건조

모든 오크는 사용하기 전에 건조해야 한다. 전통적으로 건조 작업은 탁 트인 야외에서 진행되었다. 실제로 케니스 킬비가 산림업을 묘사한 바에 따르면, 그들은 통널이 바람에 지나치게 빨리 건조되는 걸 막고자 세심한 주의를 기울였다. 몇 달 동안 통널을 쌓아두고 나뭇가지로 보호막을 치는 것이 관습이었다.

앞서 언급한 아일랜드 오크는 스페인의 갈리시아에서 통널을 만들고,

- lignin, 셀룰로오스, 헤미셀룰오로스와 함께 목재의 실질을 이루는 성분.
- ◆ cellulose, 자연계에 가장 많이 존재하는 유기화합물로 섬유소라고도 한다.
- ▪ hemicellulose, 육지에서 서식하는 생물의 세포벽을 구성하는 다당류 중에서 세포벽을 구성하는 셀룰로오스 이외의 다당류.
- ★ 熱劣化, 열로 인해 고분자 재료의 물성이 저하하는 것. 고무의 경우에는 열노화라 한다. 보통 가열에 의해 고분자 사슬이 절단되거나 산화되기도 하여 연화 혹은 경화한다.

찰스 머클레인

안달루시아로 보내 15개월 정도 자연 건조한다. 심지어 스페인이나 미국 켄터키 주 같은 더운 기후에서도 55% 정도 되는 수분 함유량을 15% 정도로 줄이려면 15개월보다 더 오랜 시간이 걸릴 수 있다. 1980년대 후반 펜틀런드 스카치위스키 리서치•의 짐 스완 박사와 해리 리프킨드 박사가 가마 건조kiln drying로 나무를 더 빨리 건조하는 실험을 했지만, 결론적으로 가마 건조는 스카치위스키 숙성 속도에 악영향을 미쳤다. 그들은 적어도 통에 쓰는 통널의 3분의 1은 자연 건조할 것을 스카치위스키 업계에 권했다. 가마 건조는 버번위스키나 라이 위스키를 숙성하는 데는 아무런 문제가 없지만, 와인의 풍미에는 좋지 못한 영향을 미치는 것으로 알려졌다. 데이비드 버드David Bird는 저서『와인 생산 기술의 이해In Understanding Wine Technology』에서 다음과 같이 언급했다.

"소목장이들이 만드는 물건과 마찬가지로 와인 업계에서도 가마 건조가 때로 사용되지만, 좋은 결과를 낳지 못한다. 가마 건조를 한 나무에서는 거친 타닌이 형성되는데, 이를 통해 와인에 떫고 덜 익은 과일 풍미가 생겨난다. 자연 건조는 와인에 우아함과 풍성함, 복합성을 부여하여 마시고 난 다음 마무리까지 부드럽게 해준다."

열처리

통이 형태를 갖추려면 통널은 반드시 불에 직접 가열되어야 한다. 이는 위스키 숙성에서는 필수적인 일이다. 통널이 열처리(그을림) 없이 증기로만 구부러지면 그 안에 들어간 위스키는 덜 익은 과일과 지나치게 강한 나무 풍미만 얻게 될 것이다. 더 많이 그을릴수록 나무가 통 내부의 원액에 행사하는 영향력은 더욱 강해진다. '약한' 그을림 작업은 20분 정도 걸리는데, 나무는 120℃

• 옮긴이 주: Pentlands Scotch Whisky Research, 1974년 일곱 증류업자가 연구 목적으로 설립한 컨소시엄이다. 현재는 '더 스카치위스키 리서치 인스티튜트'라는 이름으로 운영 중이다.

에서 180℃ 사이의 온도 영향을 받게 된다. 거기서 5분 정도 더 나아가면 온도는 200℃로 올라가고, 이렇게 되면 '중간' 그을림 작업이 된다. 추가로 5분 더 진행되면 온도는 225℃ 정도로 올라가고, '강한' 그을림 작업이 된다.

그을림은 오크통 안의 표면에 화학적 변화, 즉 열열화를 일으킨다. 이를 통해 목재의 이량체•가 파괴되고 풍미를 내는 추출물과 색이 나타난다. 그리고 이런 과정을 통해 바람직하지 않은 오크 자체의 풍미와 새 나무 풍미, 떫음이 제거되고, 헤미는 주로 푸르푸랄(단 것, 캐러멜, 커피, 코코아, 구운 빵, 구운 아몬드, 파프리카 풍미를 낸다)로 변한다. 리그닌은 바닐린과 그 외 바람직한 향을 내는 알데히드로 분해된다. 하지만 타닌은 온도에 무척 민감해서 열을 적게 받더라도 파괴된다.

미국산 오크통은 활성탄을 쌓아 올려 만든 불로 그을린다. 이 과정을 통해 유황 화합물이 제거되고, 리그닌 분해는 더 증가하여(숯 바로 아래에 있는 부분 때문에) 추출할 수 있는 색도 더욱 발전한다. 그을림의 강약 정도가 위스키의 색에 영향을 주지는 않지만, 나무에서 타닌 방출이 활발하게 일어나게 한다. 활성탄은 풍미에 딱히 영향을 미치지 못하지만, 유기황화합물을 제거하는 데 중요한 역할을 한다. 유기황화합물은 하수구, 양배추 데친 물, 지나치게 구운 채소 향을 내는데, 무척 낮은 농도인 0.02~0.1ppm으로 나타난다.

오크통에 셰리 와인을 담으면 생기는 일

앞서 본 것처럼, 영국에서 자라는 오크는 통 제작에 절대 이상적이지 않다.

• 異量體, 같은 분자 두 개가 합쳐져 하나로 된 물질.

따라서 오래전부터 오크통은 유럽 대륙에서 수입되었고, 새로 만든 통널만 수입하기도 했다. 이런 오크통은 와인과 증류주를 담아 옮기는 데 사용되었고, 영국에 도착하면 통에 든 술을 병입했다. 19세기 중반이 되자 위스키 증류업자들은 스페인에서 셰리 와인•을 수송하는 데 사용한 통에 위스키를 채우는 게 바람직하다는 걸 인지하게 되었다.

> "셰리 와인을 담은 오크통에 보관된 위스키가 새 오크통에서는 얻지 못하는 그윽하고 부드러운 느낌을 가지게 된다는 건 잘 알려진 바이다. 실제로 새 오크통은 잘 건조되지 않으면 지나치게 강한 나무 풍미를 갖게 되는데, 이런 풍미는 전문가와 애호가들에게 엄청나게 비난받는다. 또한 셰리 와인을 담았던 통에서 위스키는 많은 생산자가 추구하는 멋진 색채를 얻게 되는데, 이 때문에 의도적으로 착색하여 그 색을 흉내 내는 일이 빈번히 벌어진다. 하지만 그런 비열한 속임수를 쓰는 자들은 절대로 신용할 수 없다."
>
> 찰스 토비Charles Tovey, 『영국과 해외의 증류주British & Foreign Spirits』 중에서

1960년대까지 이런 수송에 쓰이는 오크통 대다수는 미국산 화이트 오크로 만든 것이었다. 이후로는 대다수가 유럽산(주로 스페인산) 오크통이었다. 하지만 선호되는 건 전자였다. 저명한 셰리 와인 하우스 곤잘레스 비아스Gonzalez Byass 사의 수장인 마누엘 곤잘레스 고르돈은 이미 1948년에 이런 말을 남겼다. "최근 몇 년 동안 일부 스페인산 오크통이 셰리 와인을 수송하는 데 활용되고 있는데, 이는 미국 목재를 구하기 어려운 게 주된 원인이다." 이 말은 곤잘레스 비아스와 대등하게 저명한 셰리 와인 하우스인 윌리

• Sherry Wine, 발효가 끝난 일반 와인에 주정을 첨가하여 알코올 도수를 높인 주정 강화 와인.

엄스 앤 험버트Williams & Humbert 사의 알렉산더 윌리엄스가 스코틀랜드 북부 도시인 엘긴Elgin을 근거지로 한 독립병입업자 고든 앤 맥페일Gordon & MacPhail 사의 조지 어커트와 나눈 대화에서도 확인된다. 두 오크 종 사이의 화학적 차이를 생각하면 이는 먼 옛날 생산되었던 스카치위스키의 풍미에 관심이 있는 우리에게 의미하는 바가 크다.

1981년 스페인의 수출 규제로 오크통에 셰리 와인을 대량으로 담아 수송하는 일이 금지되었고, 이후로 '셰리 와인을 담았던 오크통'을 원하는 위스키 증류업자들은 헤레스 지역 통 제작자에게 오크통 제작을 맡기는 동시에 같은 지역 와인 양조장에 만들어둔 통에 셰리 와인을 담았다 빼는 일을 의뢰했다. 1981년 이전 수송용 오크통에 셰리 와인이 담긴 시간은 6~9개월이었지만, 오늘날 스카치위스키를 숙성하고자 제작되는 오크통에는 먼저 모스토•가 채워지고, 이후 셰리 와인(보통 올로로소◆)이 채워지는데, 이 기간은 1~4년이다. 이런 과정이 끝난 다음에야 스코틀랜드로 보내진다. 셰리 와인을 담은 통은 보통 500리터 용량의 버트butt이거나 460리터 용량의 펀천puncheon이다.

셰리 와인을 오크통에 담는 건 새로운 아이디어가 아니었다. W. P. 라우리는 글래스고의 와인/증류주 중개인이자 곤잘레스 비아스의 대행인이었고, 위스키 블렌딩 분야의 선구자이자 제임스 뷰캐넌에게 위스키를 공급하여 그가 '블랙 앤 화이트'라는 블렌디드 위스키로 명성을 누리게 한 조력자였는데, 브라이언 스필러가 집필한 『더 위스키 배런The Whisky Barons』에 따르면 그는 '미국의 여러 숲에서 통널을 공급하여 통 제작 분야에 혁명을 일으켰고, 통에 와인을 입히는 일은 그의 전매특허였다'.

여기서 변형된 방식은 파하레테paxarette를 사용하는 것이었다. 파하레

• mosto, 발효 중인 포도즙.
◆ oloroso, 묵직하고 구조감 있는 포도즙을 선별하여 숙성한 비교적 고급스러운 셰리 와인.

　　　　　　　　　　　　　　　　　　　　　　찰스 머클레인

테는 지극히 달고, 지극히 어두운 색을 지닌 셰리 와인의 파생물인데, 주로 페드로 히메네스 포도 품종으로 만든다. 이 파하레테는 강제적으로 오크 통 벽에 흡수되었다. 250리터 용량인 혹스헤드hogshead 통엔 500밀리리터가, 버트 통엔 1리터가 쓰였다. 그것도 10분 동안 약 7프사이그◦의 압력으로. 19세기부터 블렌더들은 위스키의 색을 내고자 파하레테를 흔하게 사용했는데, 오늘날 이는 스피릿 캐러멜로 대체되었다. 파하레테는 기존 위스키에 단맛을 더하고 풍미를 결합하는 장점이 있었지만, 1990년 스카치위스키 법률에 의해 금지되었다.◆

버번위스키를 숙성했던 미국산 오크통은 제2차 세계대전 이후 광범위하게 사용되기 시작했다. 스페이사이드 지역의 통 제작자는 내게 1946년까지 버번 오크통은 단 하나도 본 적이 없다고 했다. 오늘날 업계에 들어오는 오크통 중 95%가 미국산이지만, 버트와 펀천이 아주 오래전부터 사용되고 있었기에 어느 때든 사용되고 있는 비율은 5%보다 훨씬 높다.

아메리칸 스탠다드 배럴▪은 통 그대로 도착하거나, 아니면 분해되어 '슉★'이나 납작한 상자에 통널이 담긴 채로 도착한다. 후자의 방법으로 올 때는 재조립할 때 혹스헤드 통으로 변신하게 된다. 이럴 경우 5개의 ASB가 4개의 혹스헤드 통이 된다. 이렇게 하는 이유는 단순한데, 혹스헤드 통으로 크기를 늘리는 게 사람이 취급하기 더 편하기 때문이다. 오크통을 기계로 옮기는 일이 흔해진 오늘날엔 많은 위스키 회사가 '전통적인' 혹스헤드 통을 거부하고 ASB를 받아들이는 일이 더욱 늘어났다. 왜냐하면 용량이 살짝 더 적은 ASB가 내용물을 더 빠르게 숙성하기 때문이다.

- ◦ psig, 게이지 압력의 단위로, 1프사이그는 1제곱인치의 넓이에 작용하는 1파운드의 힘이다.
- ◆ 옮긴이 주: 찰스 머클레인의 칼럼 중 1988년에 법이 제정되었다는 내용이 있는데, 4항과 5항은 1988년에 바로 적용되었으며, 1항부터 3항은 1990년에 적용되었다. 따라서 시기가 이렇게 다른 것이다.
- ▪ American Standard Barrel, 혹은 줄여 ASB라고 하는 이 통은 200리터 용량이다.
- ★ shook, 통널 한 벌을 가리키는 단위.

수명이 다한 오크통 재활용하기

위스키를 통 안에 얼마나 많이 채웠는지에 따라 다르지만, 보통 50년(일반적으로 세 번 혹은 네 번 위스키를 채우면 이 기간이 된다)이면 오크통의 영향력은 '0'에 가까워진다. 즉, '고갈된' 것이다. 비교적 최근까지 그렇게 변한 통은 팔려서 정원용 가구가 되거나 잘게 쪼갠 오크 칩이 되어 연어를 훈제할 때 사용되었다. 오늘날 오크통은 무척 비싸기 때문에 내부 벽을 긁어내고 다시 표면을 노출시켜 그을림 작업을 다시 하는 '리쥬버네이션' 작업을 한다. 이런 작업을 미국산 오크통일 경우 '디-차de-char' 혹은 '리-차re-char'라고 하며, 유럽산 오크통일 경우 '디-타트레이트de-tartrate' 혹은 '리-토스트re-toast'라고 한다. 오크통의 그을린 표면 바로 아래에 있던 나무 층을 다시 활성화하는 작업을 거친 오크통은 아무래도 새 오크통만큼은 못하다.

100가지 이상의 휘발성 화합물(기름, 타닌, 당, 유기산, 스테롤)은 오크에서 이미 분리된 데다, 몇몇은 복원할 수 있다고 해도 핵심적인 화합물, 즉 락톤과 타닌 같은 것은 보충할 수 없다. 따라서 리쥬버네이션을 거친 오크통은 위스키를 처음 채운 통처럼 내용물을 숙성하지 못할 것이다. 리쥬버네이션 작업이 된 오크통은 원액에 스파이시한 풍미를 부여한다고 전해진다. 버번위스키를 담았던 오크통은 때로는 리쥬버네이션 이후 셰리 와인을 몇 주 혹은 몇 달 담아두기도 한다.

오크의 세 가지 핵심적인 기능

오크의 화학적 성질과 숙성 과정 동안 벌어지는 일에 관한 과학적 이해는 비교적 얼마 되지 않은 것이다. 지난 30년 동안의 일이니 말이다. 이전의 일반적인 접근법은 '통이 새지 않는다고? 그럼 채워'라는 식이었다. 화학자들은 이제 '오크통의 영향력'에 관해 이야기하면서 나무가 '빼고', '더하고', '상호작용'하는 세 가지 핵심적인 기능을 수행한다고 생각한다.

'빼는' 기능은 활성탄이 주로 수행하는데, 앞서 살핀 것처럼 주로 유황화합물을 제거하는 일과 관련이 있다. 셰리 와인을 담았던 유럽산 오크통은 새까맣게 그을리는 일이 거의 없는데, 그런 통에서 숙성한 위스키는 때로 유황 같은 풍미를 보이기도 한다.

가장 명백한 '더하는' 기능은 색과 연관이 있다. 타닌이 많은 유럽산 오크는 미국산 오크보다 내용물에 더 진한 색을 입힌다. 색이 부여되는 정도는 얼마나 자주 통이 채워지는지에 따라 다르지만, 일반적으로 '윤을 낸 오래된 오크색'부터 '어린 마호가니색'까지의 범위이다. 달리 표현하자면 오래된 올로로소 셰리 와인색부터 아몬티야도° 셰리 와인까지의 범위이다. 하지만 오크통에 먼저 담겼던 술에서 색이 부여된다는 점도 염두에 두어야 한다. 반면 미국산 오크는 색이 전부 금색이다. 정도를 따지면 18캐럿부터 9캐럿까지이다(진한 호박색부터 연한 짚색까지). 처음 위스키가 통에 채워질 때는 이전에 담았던 술(버번위스키, 셰리 와인 등)의 잔여물이 오크통 표면에 숨은 상태이다. 이런 잔여물은 숙성 중인 위스키에 달라붙어 와인 같은 느낌을 부여하게 된다(이 외에도 여러 가지 느낌을 부여한다). 처음 쓰거나 두 번째 쓰는 오크통은 숙성하는 위스키에 바람직한 풍미를 더한다. 달콤함과 색은 주로 캐러멜화한 헤미셀룰로오스에서, 바닐린과 코코넛 풍미는 분해된 리그닌에서, 떫은 느낌과 향, 섬세함은 타닌에서 영향을 받는다. 세 번이나 네 번 쓰게 된 뒤에는(첫 번째와 두 번째 쓸 때 얼마나 오래 위스키를 숙성했는지에 따라 다르다) 화학적으로 각각의 통널은 '영향력'을 잃게 된다. 즉, 내용물을 숙성하는 능력을 잃어버리게 되는 것이다.

- Amontillado, 스페인산 셰리 와인 중 하나. 피노(Fino)와 만자니야(Manzanilla) 셰리를 기존보다 더 오래 숙성한 것으로 효모층이 파괴된 이후까지 숙성하여 앞선 둘보다 더욱 산화되었으며, 색도 더 진하고 깊은 풍미를 가진다.

이렇게 되면 오크통은 단순히 용기에 지나지 않고, 이런 오크통엔 '고갈된', '힘이 빠진' 같은 수식어가 붙게 된다.

세 번째 '상호작용'하는 기능은 가장 덜 알려진 것이다. 어느 정도 다공성이 있는 오크는 내용물이 '숨 쉴 수 있게' 하여 외부 공기와 교류할 수 있게 한다. 이 덕분에 내용물은 산화되어 거친 면이 사라지고, 과일 느낌이 증가하고 복합성은 향상된다.

이런 숙성 양상은 숙성 기간 동안 오크통이 보관되는 숙성 창고의 미기후•에 가장 영향을 많이 받는다. 열, 습도, 기압은 전부 영향을 미치는 요소이다. 스코틀랜드, 아일랜드, 일본에서는 대다수 숙성 창고가 서늘하고 습하며, 심지어 여름에도 그렇다. 이런 환경은 장기 숙성에 이상적이며, 매년 2%만 증발하는데 이는 일종의 세금 같은 것으로 '천사의 몫'이라고도 한다. 미국 켄터키 주나 대만, 인도 같은 곳에 있는 덥고 건조한 숙성 창고에서 오크통은 수증기를 잃어버리게 되는데, 매년 내용물은 15%에서 25%까지 증발하게 된다. 반면 알코올 도수는 그대로 유지되거나 혹은 더 높아지기도 한다. 이런 현상으로 볼 때 증류주가 숙성되는 환경이 숙성을 더디게 하거나 빠르게 할 수 있다는 건 명백하다. '더운' 창고에서 숙성은 훨씬 빠르게 되지만, 장기 숙성에서 나타나는 정도로 상호작용은 일어나지 않으며, 이는 복합성에도 영향을 미친다.

훌륭한 위스키를 만드는 데 결정적인 요소가 시간이라고들 한다. 물론 시간이 중요하지만, 그 시간은 반드시 훌륭한 오크통 안에서 보내는 걸 전제로 해야 한다. 지혜로운 옛사람들은 오크의 화학적 성질이 이해되기 전에 이미 이런 말을 하곤 했다. "나무가 위스키를 만든다."

(2016)

• microclimate, 주변 다른 지역과는 다른, 특정 좁은 지역의 기후.

찰스 머클레인

테루아의 영역은 이토록 광활하다

닐 리들리

‘I Want To Believe(나는 믿고 싶다)’.
1990년대에 SF 장르를 즐겨 본 사람이라면
『엑스 파일』에 나온 이 유행어를 기억할 것이다.
이 유행어는 주인공(복합적인 폭스 멀더)을
주제로 한 포스터에 대담하게 새겨져 있었다.
또한 이 유행어는 많은 반대에 직면하고도
외계인이 활동하고 있다고 확고하게 믿는
멀더의 신념을 단적으로 드러내기도 한다.
그것은 실제로 ‘우리는 혼자가 아니라는’
확증을 향한 믿음이기도 했다.

1990년대에서 '빨리 감기'를 해보자. 2016년의 놀라울 정도로 따뜻한 봄날, 나는 아일라 섬 브룩라디 증류소의 입구를 차로 통과하고 있었는데 갑자기 그 유행어가 예기치 않게 뇌리를 스쳤다. 이 유행어가 기억난 이유는 위스키에 그런 묘한 매력을 부여하는 구조를 둘러싸고 현재 제기 중인 이론들이 떠올랐기 때문이다. 동시에 그것은 크게 오해받고 있는 주제이기도 하다. 그 주제는 바로 '테루아●'다. 의견 교환은 활발하지만, 지금 위스키 공동체에서 이토록 의견이 갈리는 주제도 없는 듯하다(물론 숙성 연수 미표기 위스키라는 주제도 있지만, 거기까지 나아가지는 않겠다).

나는 위태로운 중간점에 서 있는 상태일지도 모르겠다. 한편으로는 눈에 보이는 것 이상의 무언가가 있다는 생각이 들지만, 다른 한편으로는 테루아에 관해서는 많은 잘못된 정보가 있으며, 마케터들이 터무니없는 소리를 워낙 많이 해서 장기적으로는 업계에 도움될 게 없다는 냉소적인 생각도 들었다.

테루아는 프랑스 와인 양조 세계에서는 지극히 잘 통용되는 이야기이다. 실제로 프랑스 증류주를 이야기하더라도 상황은 같다. 꼬냑부터 알마냑까지 테루아 개념은 문서화도 아주 잘 되어 있고, 감히 이의를 제기할 수 없어 보이기까지 한다. 테루아가 무엇을 의미하는지 그 근본을 살펴보면, 그곳엔 앞서 언급한 훌륭한 증류주를 생산하는 땅과 포도나무 사이에 이루어지는 상호작용이 있다. 그리고 이 말은 정말 일리가 있다. 어떤 포도는 다른 포도보다 어느 특정 토양에서 더 잘 자라고, 그리하여 지역마다 다른 스타일의 제품을 생산하게 된다. 조금 더 세밀하게 살피면, 밭마다 다른 스타일의 제품을 생산하게 된다.

잠시 꼬냑 지역을 살펴보도록 하자. 그랑 샹빠뉴 지역 포도는 이곳이

● Terroir, 토양, 포도 품종, 기후 등 와인을 재배하기 위한 제반 자연조건을 총칭하는 말.

닐 리들리

자랑하는 백악질 토양에서 유난히 잘 자란다. 이 지역에서 더 멀리 나아가면 토양 형태가 바뀐다. 점토, 부싯돌, 석회석, 모래가 더 많이 섞이게 되고, 이런 곳에서는 포도가 최상급으로 자라기 힘들다. 따라서 와인 생산자나 증류업자는 이런 땅을 바람직하게 여기지 않는다. 이 모든 점이 분명하다. 테루아라는 용어는 멕시코에서 생산되는 증류주에도 적용된다. 메스칼•과 테킬라의 원료가 되는 용설란은 기후와 토양에 따라 놀라울 정도로 다르게 자란다. 그에 따라 증류업자는 여러모로 다른 풍미를 활용할 수 있게 된다. 기온이 낮고 미네랄이 풍부한 토양이 있는 고지대에서 자란 용설란은 증류하면 원액에서 달콤한 맛과 과일 풍미가 난다. 기온이 높고 화산토가 대부분인 저지대에서 자란 용설란은 훨씬 더 풀과 채소 풍미가 강하게 나타난다.

따라서 테루아는 복잡한 주제가 아니다. 당신이 스코틀랜드의 증류업자가 아니라면 어디서든 그건 마찬가지일 것이다. 이 테루아라는 용어가 위스키 생산 분야에 적절히 적용될 수 있을까? 만약 그렇다고 한다면 어느 정도까지 가능할까? 브룩라디 증류소 사람들은 아주 많이, 폭넓게 적용될 수 있다고 본다.

테루아는 좀 더 깊이 탐구되어야 한다

"스카치위스키 세계에서 테루아의 영향은 탐구된 적이 없습니다. 브룩라디 증류소 임직원들은 그런 상황을 나태하고 잘못됐다고 생각합니다." 브룩라디 증류소 미디어 책임자 칼 리비의 생각이다. "우리는 스카치위스키

• mezcal, 멕시코의 용설란 증류주를 지칭하는 용어이며, 테킬라도 여기에 포함된다.

업계가 브랜드 이미지의 커튼 뒤에 숨었다고 생각합니다. 그렇게 하는 게 위스키의 근본적인 원료인 보리에 미세하게 미치는 난해한 영향을 파악하는 것보다 쉬우니까요. 세상에서 가장 풍미가 복잡한 곡물은 바로 이 보리입니다.”

그렇다면 테루아라는 개념을 더 깊게 탐구하고자 브룩라디 증류소는 어떤 일을 했는가? 개념적으로 다른 유형의 토양에서 자라는 다른 품종의 보리는 분명 풍미에 어떠한 영향을 미쳐야 할 것이다. 하지만 내가 늘 믿을 수밖에 없던 훌륭하고 전통적인 과학에 따르면 그 영향은 순전히 알코올 수율에만 미친다.

“테루아는 장소에 따라 다릅니다.” 리비가 말을 이었다. “테루아는 밭마다, 수확기마다, 빈티지마다 다릅니다. 테루아의 영향은 필연적으로 식물종마다, 수확물마다 다릅니다. 우리는 테루아가 확실히 미묘한 뉘앙스와 다양성을 부여한다고 믿습니다. 테루아는 음식이나 음료에도 영향을 미칩니다. 음식과 음료에 내재된 풍미가 더 복잡할수록 그 효과는 더 풍성해집니다. 그리고 싱글 몰트 스카치위스키는 세상에서 가장 풍미가 복합적인 증류주이고요.”

테루아라는 개념에 관해 브룩라디가 보이는 낙관주의와 열정은 모두에게 분명하게 드러나며, 그들이 진행한 실험에서도 드러난다. 그들은 서로 다른 보리 품종을 써서 증류를 감행했는데, 여기엔 옵틱, 콘체르토, 챌리스, 더 나아가 고대 품종인 비어까지 포함되었다. 이런 그들의 실험은 폭넓은 소비자가 토론의 장을 여는 데 이바지했다. 하지만 여태까지 결론이 나는 일은 없었다. 회의론자는 늘 있게 마련이다. 굳이 말하자면, 나 역시도 그런 사람이다.

그래도 잠시만 기다려보자. 브룩라디에는 유리한 조건이 있다. 바로 과학이다. 과학은 테루아에 관해 다른 부류의 관점을 제공한다. 스톡홀름

대학 지질학부 부교수 오토 헤르멜린은 온도와 습도 측면에서 숙성 효과를 관찰하고자 브룩라디와 협업 중이었다(그는 아드벡, 킬호만, 부나하븐과도 협업 중이었다). 나는 10년 동안 진행 중인 프로젝트에서 오토 교수가 무엇을 성취하고자 하는지 무척 알고 싶었다.

"제가 이 일을 하는 이유는 스피릿 세이프•를 통해 흐르는 새로 증류한 원액을 처음 봤을 때 푸른 산화구리가 엄청나게 생겨난다는 걸 알았기 때문입니다." 그는 말을 이었다. "그래서 위스키가 병입될 때 얼마나 많은 양이 들어가는지 알고 싶더군요. 처음엔 갓 생산한 원액과 10년 숙성한 위스키를 분석했습니다. 물론 같은 증류소의 것이었고요. 분석해보니 산화구리 양은 엄청나게 줄어든 상태였습니다. 숙성이 구리를 제거한다는 걸 예증한 거죠. 이게 바로 시작점이었습니다. 자료를 더 많이 읽을수록 숙성 과정에 관한 연구가 얼마나 적은지 깨닫게 되었죠."

그렇다면 이것을 어떻게 테루아와 연관 지을 수 있다는 말인가? 물론 연관이 있다면 말이다.

"관련 연구는 4년밖에 진행되지 않았습니다. 하지만 제가 알게 된 건 샘플에서 구리 함유량이 줄어든 것과 동시에 나트륨 농도가 올라갔다는 겁니다. 저는 파도의 비말이 직접 영향을 미친 결과라고 보고 있습니다. 추적 관찰 중인 숙성 창고가 바다와 가깝거든요."

이제 우리에겐 해결해야 할 수수께끼가 생겼다! 내 안의 폭스 멀더가 갑자기 귀를 쫑긋거렸다. 그렇다면 바다 가까이에서 숙성된 위스키가 숙성 환경에 직접 영향을 받아 높은 염분을 지니게 되었다는 걸 시사하는 증거가 있는가?

"어느 측면으로 봐도 바다와 가깝지 않은 스웨덴 마크뮈라 증류소

• Spirit Safe, 놋쇠 틀을 장착한 유리벽 상자. 테일 박스(Tail Box)라고도 한다. 스피릿 스틸과 연결되어 있으며, 증류소 측은 이 장치를 통해 흘러나오는 원액의 상태를 판단한다.

Mackmyra Whisky의 샘플과 비교하면 염분 농도는 비교할 수 없을 정도입니다. 아일라 섬에서 갓 생산된 원액을 스코틀랜드 본토로 가져가 숙성하면 풍미가 다를 것이라는 게 제 생각입니다."

그렇다면 오랫동안 사람들이 믿어온 '환경이 미치는 영향'은 어느 정도 과학적인 기반을 갖게 되었다. 비록 걸음마 단계이긴 하지만 말이다. 어쨌든 오토 교수의 연구는 각각의 장소는 고유하다는 테루아 개념을 무척 다른 형태로 제시했지만, 아일라 섬을 한 번이라도 들른 사람이라면 딱히 충격적인 이야기도 아닐 것이다. 아일라 섬의 풍경을 본 모든 방문객은 본능적으로 다르다는 걸 알게 되기 때문이다. 다른 방식으로 이 이야기를 풀어보자. 다른 장소에서도 정확히 똑같은 증류주가 생산될 수 있을까? 아니면 환경, 즉 다른 테루아 유형이 어김없이 존재를 드러낼까?

테루아의 본질에 다가서기

몇 년 전 참석했던 유익한 좌담회가 기억난다. 짐 머큐언은 아주 열정적으로, 또 확고하게 테루아 개념을 지지했고, 다른 여러 증류소 대표자들은 머큐언의 발언이 끝나고 자신들의 주장을 펴기 전까지 이를 악물며 참고 있었다. 더 나아갔다간 난투극이라도 벌어질 분위기는 디아지오의 닉 모건 박사가 보여준 매력적인 역사적 통찰력 덕분에 가라앉을 수 있었다. 따라서 나는 그를 다시 만나 이야기를 듣고 싶었다.

"그날 우리가 나눴던 토론에서 기억나는 내용은 '테루아'라는 단어를 전통적으로 이해한다고 하면 스카치위스키 생산에서는 그 단어에 상응하는 것이 없다는 거였습니다. 이유는 이렇습니다." 그가 말을 이었다. "19세기 말에 증류업자들이 보리를 구한 경로를 보면 그야말로 온갖 곳에서 구했다는 게 드러납니다. 참 모순적인 게, 우리는 지금 그 어느 때보다 스코틀랜드에서 생산한 보리로 만든 맥아를 더 많이 쓰고 있어요. 프랑스 와인 생산자들은 매년 같은 방식으로 빈티지(생산 연도)를 적는데, 이건 땅의 테루아와 직접 연관되는 일입니다. 하지만 우리에겐 그렇게 할 방법이 없어요.”

하지만 모건 박사는 위스키가 생산되는 곳에 관한 특수성에 있어서는 자신의 관점에 모순이 있다는 걸 인정했다.

“이와 관련된 고전적인 사례는 피터 매키의 시도죠. 그는 제1차 세계대전 이후 캠벨타운에서 스페이사이드 위스키를 만들려고 했습니다.”

“매키는 헤이즐번 증류소Hazelburn Distillery를 소유하고 있었는데(크라이겔라키를 설립하기도 했으며, 라가불린 증류소를 인수하기도 했다), 캠벨타운 위스키의 명성은 19세기 말과 20세기 초에 끝없이 추락했습니다. 두 가지 이유가 있었죠. 첫째로 그들이 위스키를 훌륭하게 생산했을 때도 블렌디드 위스키에 사용되기엔 지나치게 자극적이고 묵직했습니다. 둘째, 그 이후 캠벨타운 증류업자들은 동유럽에서 들여온 저질 보리를 사용했습니다. 하지만 매키는 자기 뜻대로 안 되면 직성이 풀리지 않는 사람이었습니다. 그는 과학과 지식을 적용하기만 한다면 무엇이든 할 수 있다고 믿었죠.”

“그는 스페이사이드의 여러 증류기를 인수하고, 원료도 스페이사이드에서 사들였습니다. 그리고 소유한 증류소를 재설계하여 스페이사이드 증류소와 똑같은 구조로 만들었어요. 하지만 그곳에서 생산되는 위스키와는 전혀 다른 위스키만 나왔죠.”

그렇다면 21세기로 빠르게 시간을 돌렸을 때 모건 박사는 테루아에 관해 어떤 말을 할 것인가? 위스키 생산 과정의 헤아릴 수 없이 많은 변화? 아니면 단순히 ‘장소’라는 말의 되풀이?

“유념해야 할 것이 한 가지 있습니다. 워시백◆에 효모를 투입하여 발효가 일어나 워시◆가 되는데, 그 지역만의 고유 효모로 인해 2차 발효가 일어납니다." 그는 말을 이었다. "100년도 더 전에는 증류 과정에서 통제가 결여된 상태였습니다. 따라서 오늘날보다 고유 효모가 훨씬 크게 영향을 미쳤을 거라는 건 쉽게 생각할 수 있는 일이죠."

내 생각에 우리는 진실에 접근하고 있어, 스컬리. 이젠 영역을 더 넓혀보자. 이번엔 스코틀랜드가 아닌 다른 곳에서 생산되는 위스키 차례이다. 일본, 태즈메이니아, 인도는 전부 위스키 생산 관습과 원료에 관한 한 스코틀랜드에 크게 영향을 받은 지역이다. 하지만 그들은 현저하게 다른 스타일의 위스키를 생산한다.

나는 국제적인 조사를 안개 덮인 일본 아사마 산의 그늘에서부터 시작했다. 이 산은 한때 가루이자와 증류소의 근거지였지만, 증류소는 공식적으로 2011년 문을 닫았다. 내가 정말 이해할 수 없던 한 가지는 몇 년 전 출시된 빈티지 제품 몇 가지가 왜 그렇게 말도 안 되는 높은 알코올 도수를 보이는가 하는 거였다(60도를 가뿐하게 넘는 정도였다). 30년을 넘게 오크통에 들어 있었는데도 말이다. 이 기이하고 설명할 수 없는 현상과 이 지역의 테루아가 뭔가 연관이 있는 걸까?

넘버 원 드링스Number One Drinks Company의 공동 설립자이자 남은 가루이자와 재고의 이전 소유주였던 마신 밀러는 관련한 이야기를 들려줬다.

"증류소 부지의 고도는 해수면보다 850미터 높습니다. 증류소가 있는 아사마 산은 화산인데 최근 활동 징후가 보였죠." 그가 말했다. "그곳의 평균 기온은 10도이며, 평균 습도는 80%입니다. 그래서 매주 세 번은 안개로 뒤덮이게 됩니다. 저는 절대 바꿀 수 없는 규칙은 없다고 생각합니다. 게다가 각 증류소는 다양한 요소에 토대를 둔 고유한 미기후를 누립니다. 앞서 제가 가루이자와에 관해 언급했던 것처럼요. 여하튼 가루이자와에서는 물

- Washback, 맥즙에 효모를 투입하여 발효 과정이 일어나는 용기.
- Wash, 맥즙에 효모를 투입하여 발효 과정을 거친 후 얻는 알코올 도수를 지닌 액체.

이 알코올보다 먼저 증발하는 것처럼 보입니다. 그 결과 언급한 고도수를 유지할 뿐만 아니라 대단히 풍성하며, 향과 풍미가 응축된 위스키가 됩니다. 그게 제 생각으로는 가루이자와를 돋보이게 하는 것 같네요."

마찬가지로 치치부 증류소 소유주인 아쿠토 이치로도 이 장소 개념을 지지하는 몇 마디 언급을 남겼다. "전통적인 측면에서 본 테루아가 우리에게 무슨 의미가 있는지 개인적으로는 확실히 알지 못합니다. 왜냐하면 우리가 쓰는 보리는 영국산이고, 우리가 쓰는 오크통은 일본에서 자란 나무로 만든 것이 아니기 때문이죠. 하지만 우리 생각으로는 위스키 생산에 적용되는 테루아 개념은 숙성 환경입니다. 우리는 그게 풍미에 있어 가장 중요한 요소 중 하나라고 믿습니다."

일본 위스키에 자국에서 자란 보리를 사용하는 경향이 늘어날까? 아쿠토는 이에 관해 어떤 생각을 가지고 있을지 궁금했다. 만약 그렇다면 풍미는 급진적으로 변하게 될까?

"솔직히 말하면 일본에서 자란 보리를 쓰더라도 일본 위스키 시장에 큰 반향은 없을 거라고 생각합니다." 그가 지적했다. "일본 위스키의 풍미도 즉각 변하지는 않을 겁니다. 이 근방에서 난 보리를 플로어 몰팅•하여 수입한 보리 맥아와 섞어서 쓰는 실험을 한 적이 있긴 하지만, 여하튼 그렇기에 온전한 일본산이라고는 할 수 없습니다. 그래서 아직 풍미에 관해서는 확실한 언급을 할 수 없어요. 조만간 알게 되겠죠."

태즈메이니아로 가보자. 라크 증류소Lark Distillery의 소유주 빌 라크는 섬에 현대적인 증류 환경의 토대를 놓은 사람이며, 많은 사람들이 이를 인정하는 바이다. 그는 테루아에 관해 흥미로운 견해를 지니고 있었는데, 이는 위

• Floor Malting, 넓은 바닥에 보리를 깔고 사람이 손수 갈퀴질을 하고 뒤집어 맥아를 만드는 전통적인 방식.

스키 생산의 다른 요소, 즉 수원水源 측면에서 테루아를 보는 것이다. 분명 pH 지수 균형은 생산되는 워시 스타일에 영향을 미칠 수 있다. 하지만 과학적으로 볼 때 증류는 사실상 물에서 알코올을 분리하는 과정이라고 말하는데, 대체 어떻게 물이 위스키 풍미에 영향을 미칠 수 있단 말인가?

"워시와 이후 이어지는 증류에서 물에 관해 그렇게 말씀하시는 것에 전적으로 동의합니다. 저 역시 비슷한 의견을 많이 언급했습니다." 라크가 해명했다. "개인적으로 흥미가 있었기에 실제로 태즈메이니아 주변 여러 장소에서 물을 가져와 증류해보기도 했습니다. 우리 증류소 누구도 새로 증류한 원액 특성에 실질적으로 다른 점이 있는지 구분하지 못하더군요."

"하지만." 그가 말을 이었다. "숙성된 위스키를 병입하기 전에 알코올 도수를 내리고자 사용되는 물은 위스키의 특성에 지극히 중요하다고 생각합니다. 물의 미네랄이 '플로킹•'을 유발한다는 건 모두가 알고 있습니다. 그렇다면 여러 다른 수원의 물이 그 단계에서 위스키의 특성에 영향을 주지 않는다는 생각은 받아들이기 힘들죠."

나는 테루아에 관한 문제를 암루트 증류소Amrut Distillery에도 제기했다. 이 증류소가 있는 인도 벵갈루루는 열과 습도가 어마어마한 곳이라 숙성에 독특한 영향을 미친다. 하지만 원료는 어떨까?

"암루트에 관한 한 테루아는 확실히 두 가지 측면에서 의미가 있습니다." 증류소 브랜드 앰배서더인 아쇼크 초칼링검이 말했다. "하나는 우리가 여섯 줄 보리를 사용한다는 점입니다. 이 보리는 구체적인 어떤 보리 종이라기보다 혼합종인데, 히말라야 산기슭에서 자랍니다. 그런 특정 지역의 지질은 우리 위스키에 크게 이바지합니다. 다른 하나는 벵갈루루의 무척 독특한 지세입니다. 낮과 밤의 기온과 습도는 큰 차이가 있고, 이는 해수면

• flocking, 부유물에서 단백질과 기름 성분이 분리될 때 위스키가 뿌옇게 되는 현상을 뜻한다.

닐 리들리

에서 3천 피트 높은 곳에 있기 때문에 벌어지는 현상입니다. 이 두 가지 점이 벵갈루루에서 독특한 위스키가 생산될 수 있게 합니다."

그렇다면 어떤 점에서 우리는 전통적인 측면에서의 테루아(독특한 보리 재배 방식)와 지역 관점에서의 테루아를 보고 있는 것일지도 모르겠다. 그러면 아쇼크는 수원과 연관된 테루아 개념에 어떤 생각을 가지고 있을까?

"처음부터 저는 그 점에 관해서는 이렇게 굳게 믿어왔습니다." 그가 내 말을 자르며 말했다. "수원은 위스키의 특성에 전혀 영향을 주지 않습니다. 위스키의 풍미를 정의하는 데 이바지하는 바가 전혀 없다는 뜻입니다. 이런 '마케팅 수법'은 오래전부터 어딘가에서 시작되었는데, 소비자의 생각에 아주 강하게 뿌리내리고 있습니다."

토양에서부터 병에 이르기까지

'농장에서 포크fork까지'라는 문구는 몇 년 전 영국 정육업에서 제대로 효과를 발휘했다. 웨이터가 소의 이름, 그 소가 정기적으로 섭취한 풀의 종류, 배변 횟수 등을 열성적으로 들이밀기 전엔 메뉴조차 읽을 수 없을 정도였다. 그만큼 동물이 행복하고 재미있는 삶을 살았다는 뜻이었을 것이다. 어쨌든 이 모든 추가 정보로 더 많은 지식을 지닌 소비자가 생겨났을 것이며, 그만큼 계산대도 바빴을 것이다. 위스키는 이 분야에서 비교적 대처가 느렸다. 하지만 이제 시대는 변했다.

"우리는 캐주얼한 위스키 소비자가 이전엔 대체로 테루아를 고려하지 않았다는 걸 알고 있습니다. 캐주얼한 와인 소비자가 테루아를 딱히 중요하게 고려하지 않는 것처럼요." 칼 리비가 말했다. "이렇게 된 건 적어도 부분적으로는 위스키와 와인 업계 생산자 때문입니다. 또한 상황이 이렇기에 그들은 좀 더 도전적인 개념을 지지하기보다 이미지를 홍보하는 일에 집중합니다. 브룩라디에서 우리는 소비자가 많은 생각을 해야 하는 제품을 몇 가지 생산하고 있으며, 이는 전 세계에서도 손에 꼽을 수준입니다. 그런 제품은 모든 사람을 위한 건 아니죠. 그래도 괜찮습니다."

이는 실제로도 '괜찮다'는 의미이다. 하지만 리비는 다음처럼 터놓고 인정했다. "결과를 보려면 늘 기다려야 하죠. 그게 숙성의 본질이니까요." 어떤 점을 증명해야 하는 부담은 특히 여기서 무겁게 작용한다. 최근 있었던 일을 보면 더욱 그렇다(템플턴 라이 위스키는 어마어마한 마케팅 실패를 겪었는데, 단순히 잘못된 '출처'를 제시한 일만이 문제는 아니었다). 사람들은 마케팅 테마의 허점을 짚어내는 것만으로 그치지 않는다. 그들은 소송을 걸어 회사를 아주 혼쭐을 낼 것이다♦.

여태까지 내가 언급하는 걸 잊어버린 테루아의 한 가지 양상이 있다. 실제로 내내 직면하고 있었음에도 잊어버리고 있었다. 토양 그 자체는 위스키 생산에 관한 테루아를 형성한다. 이탄 건조 맥아를 사용한 위스키에 관해서는 그렇다.

2012년 스카치위스키연구소는 과학자 배리 해리슨의 논문 『스카치 싱글 몰트위스키의 풍미에 이탄 출처가 미치는 영향Impact of Peat Source on the Flavour of Scotch Malt Whisky』을 발표했다. 실험 증류에서는 다양한 곳(아일라 섬, 오크니 섬, 슨트 퍼거스, 토민토월)에서 캐낸 이탄으로 건조한 맥아를 사용했다. 실험 결과 과이어콜과 페놀 수준에서 확연한 차이가 드러났는데, 이는 서로 다른 이탄 구성(이끼, 풀, 헤더♦, 목본성 식물, 나무)이 실제로 다른 풍미를 나타낸다는 뜻이다. 여기서 드러나는 결론은 명백하다. 이탄 건조

♦ 옮긴이 주: 이 문단은 끝까지 템플턴 라이 위스키에 관한 내용인데, 위스키 생산 출처를 포함해 마케팅 여러 부문에서 의도적으로 틀린 정보로 소비자를 기만하여 2014년 집단 소송에 휘말린 걸 꼬집은 것이다. 그 과정에서 템플턴 라이는 레이블 수정까지 해야 했으며, 결국 2015년 소비자에게 제품값 일부를 환불해주었다.

닐 리들리

맥아의 출처를 바꾸면 위스키 풍미도 달라질 수 있다.

앞서 언급한 장소로 가보면 각각 아주 다른 풍경이 펼쳐질 것이다. 나무가 없고 거센 바람이 부는 오크니 섬은 향이 좋은 헤더로 덮여 있다. 아일라 섬은 한때 숲이 무성한 지역이었다. 스카이 섬은 한때 헤이즐넛 나무가 아주 많은 곳이었다(이를 뒷받침할 결정적인 증거를 찾지는 못했지만). 그런 모든 식물은 분명 '중요하며', 몇천 년 넘게 현대의 이탄 늪이 형성되는 데 근본적으로 도움을 주었다. 꽃 느낌, 나무 느낌, 그리고 확연한 견과류 느낌은 전부 스모키한 풍미에서 드러나며, 우리는 이런 풍미를 이 지역들에서 생산되는 여러 다른 위스키와 결부시킨다. 따라서 조금만 공상을 품으면 분명 믿을 게 많을 것이다.

다시 그 유행어가 떠올랐다. '나는 믿고 싶다'. 눈에 보이는 것 이상의 테루아가 있을지도 모른다. 일부 테루아 신봉자들은 다른 신봉자보다 더욱 투지 넘치게 자기 신념을 주장하여 테루아라는 개념 자체를 우리에게 더욱 모호하게 보이게 했을지도 모른다. 어쨌든 평결은 아직 나오지 않고 있다. 하지만 폭스 멀더 식으로 마무리를 하고자 한다. 조금 각색했지만 말이다. '나는 믿기 시작하고 있다'.

(2016)

♦ heather, 낮은 산이나 황야 지대에 나는 야생화.

싱글 몰트위스키와 소비자를 연결하는 SNS 마케팅

개빈 D 스미스

오늘날 소비자는 엄청난 정보로 무장하고
많은 제품 선택권을 누린다.
스카치 싱글 몰트위스키의
긴 역사를 따져보더라도
이런 시절은 결코 없었다.

헌신적인 웹사이트, 블로그, 트위터와 페이스북 계정은, 전통적인 시음 행사에 참여하고 브랜드 앰배서더처럼 위스키를 홍보하며 놀라울 정도로 관련 지식을 갖춘 '소비자 집단'을 형성하는 데 이바지한다. 그들은 싱글 몰트위스키에 무척 진지하며, 따라서 증류업자와 독립병입업자는 갈수록 더 부담이 증가하고 있다.

이런 '소비자 집단'엔 블로거, 그들의 팬, 위스키 저널리스트, 위스키 클럽 회원, 위스키 축제 참가자, 위스키 간행물 구독자가 있다. 여기에 『몰트위스키 이어북』 독자가 포함됨은 물론이다!

그렇다면 대체 이 애호가들은 무엇을 논하고 요구하며, 또 위스키 생산자들은 어떻게 대응하고 있을까?

독립병입업자 스카치 몰트위스키 소사이어티(SMWS) 앰배서더이자 SNS 마케터이며 블로그 www.whiskyboys.com의 기고자인 니콜라 영은 다음처럼 말했다. "소비자들은 전문 주류점, 슈퍼마켓, 온라인 주류 판매점에서 엄청나게 늘어난 위스키 선택권을 누리는 중입니다. 이것이 소비자의 수요로 생겨난 일일까요?"

"오늘날 영향력을 행사하는 사람들, 작가들, 애호가들의 의견은 매일 수많은 온라인 매체를 통해 들을 수 있습니다. 트위터, 블로그, 페이스북에서 제가 가장 많이 본 다섯 가지 요구사항은 비냉각 여과, 스피릿 캐러멜 무첨가, 독점성(스몰 배치-한정판 또는 계절상품 등), 증류소 전용 병입 제품(투자용), 더 높은 알코올 도수입니다."

영은 다음과 같은 점을 지적했다. "한때 업계 전문가들이 독점한 전문 용어들은 이제 많은 위스키 애호가의 어휘로 들어왔습니다. 싱글 몰트위스키 소비자들이 위스키에 관해 계속 스스로 배우고 있기 때문이죠. 관심이 많은 주제라서 당연한 겁니다. 이런 상황으로 증류업자들에게 압박이 가해지는 거죠. 계속 발전하고, 고안하고, 창조해야 한다는 그런 압박 말입니다."

개빈 D 스미스

분명 그런 압박에 대응하고 있는 것처럼 보이는 회사를 하나 꼽자면 더 글렌모렌지 컴퍼니이다. 특히 증류와 위스키 제품화 책임자인 빌 럼스던 박사는 더욱 그런 압박에 잘 대처하고자 한다. 그는 여러 차례 트위터 시음회를 개최했고, 2014년 9월 출시된 '글렌모렌지 투타'를 발전시키는 과정에서 크라우드 소싱을 활용하며 스카치위스키 업계에서는 그야말로 신기원을 이룩했다. 2013년 3월 글렌모렌지 증류소는 '더 캐스크 마스터스' 프로그램을 시작했고, 이 프로그램에 애호가를 초청하여 참여하게 함으로써 새로운 제품 개발에 관련된 모든 요소를 결정할 수 있도록 했다. 그들은 빌 럼스던이 미리 선정한 세 가지 샘플 중에 한 가지를 선택했고, 위스키의 이름과 포장 디자인도 뜻대로 했다. 심지어 애호가들은 출시 행사를 개최할 장소까지 결정할 수 있었는데, 글렌모렌지 증류소가 제안한 목록 중 하나를 선택하는 방식이었다.

출시 당시 빌 럼스던은 이렇게 말했다. "그 어떤 위스키도 위스키 제품화 모든 과정에 소비자를 참여토록 한 적이 없었습니다. 우리는 이번에 정말로 즐거운 경험을 했습니다. 소비자와 협력하고, 그들에게 제품 형성 과정에 참여하게 함으로써 우리는 크라우드 소싱이 또 다른 흥미로운 채널이란 걸 알게 되었습니다. 우리는 투타의 뒤를 이을 또 다른 크라우드 소싱을 통한 제품을 마련할 생각입니다. 그렇게 되면 소비자들은 더 많은 과정에 참여할 수 있을 겁니다. 다음엔 아예 시작 단계부터 참여가 시작될 수 있을지도 모르지요. 그렇게 되면 더 크고 더 나은 프로그램이 될 겁니다."

트위터 같은 플랫폼을 활용하는 일과 소비자 참여 프로그램은 분명 가치 있는 일이지만, 럼스던은 이런 말을 남기기도 했다. "저는 시장에 홍보를 하고 있고, 제품에 관한 진실한 피드백을 진정으로 바라고 있습니다. 무엇이 좋은지, 무엇이 싫은지, 어떻게 하면 더 나은 방향으로 나아갈 수 있을지 등을 듣고 싶은 거죠. 예를 들어 저는 소비자들의 많은 의견에 근거하여 글렌모렌지 라산타Lasanta의 블렌딩을 조정했는데, 특히 미국과 아시아 소비자가 목소리를 많이 내주었습니다. 실제로 라산타는 이전보다 약간 더 달게 변했죠. 저는 정말로 소비자 피드백을 토대로 몇 가지 글렌모렌지 제품의 블렌딩을 조정하고 있습니다."

럼스던은 같은 회사 소속인 아드벡 브랜드에도 같은 방침이 적용된다고 했다. "아드벡에 관해 말씀드리자면, 한정판 갈릴레오Galileo는 소비자에게 좀 섬세하게 느껴졌던 것 같습니다. 그들이 전한 메시지는 전반적으로 아드벡은 풍미가 강렬하고 선이 굵고 거친 면이 있어야 한다는 것이었어요. 따라서 이제 저는 좀 더 전통적인 아드벡과 닮은 제품을 만들고자 합니다."

럼스던은 여기서 흥미로운 관점을 제공했다. 여러 베테랑 위스키 업계 종사자들도 그와 같은 생각을 하고 있었다. "SNS에서 제기되는 건에 관해서는 주의해야 합니다. 때로는 분풀이의 장이기만 할 때가 있거든요. 저는 사람과 사람이 만나는 걸 정말 좋아합니다. 서로 눈을 맞추며 진짜 어떤 생각을 하고 있는지 찾아내는 그런 기회를요. 물론 애호가들이 바라는 싱글 몰트는 냉각 여과를 하지 않고, 스피릿 캐러멜도 첨가하지 않은, 다양하고 높은 알코올 도수를 지닌 제품일 겁니다. 하지만 우리는 주류를 위한 핵심 싱글 몰트위스키 제품군도 제공해야 합니다. 애호가들을 위해 글렌모렌지는 소수 취향을 위한 프라이빗 에디션 시리즈를 제공 중입니다. 여섯 번째 제품은 투사일Tùsail인데, 플로어 몰팅을 한 메리스 오터• 보리를 썼고, 냉각 여과도 하지 않았습니다. 이런 제품들은 주로 그런 부류의 제품을 바라는 소비자들에게 대응하고자 개발됩니다."

• Maris Otter, 영국산 보리 품종. 조지 더글러스 허튼 벨 박사와 그의 팀이 맥주 양조의 수율을 높이고자 프록터와 파이오니어 품종을 교잡하여 만들었다.

개빈 D 스미스

SNS가 가져온 위스키 업계의 변화

빌 럼스던과 글렌모렌지 팀이 애호가들의 뜻을 기민하게 받아들이고, 더 나아가 그들에게 시장에 출시할 새로운 제품을 만드는 과정에 참여할 기회를 주며 자신을 증명하고 있다면, 실제로 그보다 더 나아가 아예 애호가가 바라는 부류의 위스키를 먼저 제시하는 증류 기술자는 이언 맥밀런이다. 그는 유한회사 번 스튜어트 디스틸러스의 마스터 블렌더이자 증류소 책임자*인데, 2010년 그는 회사가 출시하는 싱글 몰트위스키는 냉각 여과를 일체 하지 않는다는 결정을 내렸다. 이런 결정에 따라 부나하븐, 딘스턴, 레이책, 그리고 토버머리 브랜드는 알코올 도수가 높아졌다♦.

"냉각 여과를 거친 샘플과 그렇지 않은 샘플을 비교하니 후자가 더 낫더군요." 맥밀런이 말했다. "그래서 그렇게 하기로 한 겁니다. 소비자들의 항의에 일일이 대응하는 것보다 훨씬 낫잖아요. 냉각 여과를 하지 않은 위스키는 향과 질감도 더 좋고 풍미도 더욱 강렬합니다. 화합물이 풍미와 아로마를 발현시키는 데 걸리는 시간이 몇 년인데, 단순히 보기 좋자고 그런 걸 조금이라도 잃어버리는 일을 대체 왜 해야 하는지 모르겠습니다."

맥밀런이 주도한 번 스튜어트 소속 싱글 몰트위스키 브랜드의 변화는 니콜라스 영이 언급한 냉각 여과 없는 고도수 위스키를 제공하라는 SNS의 압력에 힘을 보탰을지도 모른다. 실제로 그는 소비자를 그런 방향으로 이끌고 있다. 많은 애호가는 왜 다른 증류업자들이 이언 맥밀런처럼 하지 않는지 궁금해 하지만, 그는 다음과 같이 지적했다. "번 스튜어트의 여러 싱글 몰트위스키엔 그 방침이 아주 효과적이었죠. 하지만 특정 위스키엔 별

● 옮긴이 주: 현재는 딘스턴 증류소 매니저이다.
♦ 옮긴이 주: 위스키가 뿌옇게 변하는 헤이즈 현상은 보통 알코올 도수 46도 미만의 위스키에서 발생하며, 이를 처리하고자 냉각 여과 과정을 거친다.

다른 차이가 없을지도 모릅니다. 게다가 그렇게 변화하면 소비자를 재교육해야 하는 과정을 감당해야 하죠. 시장의 많은 제품이 이미 오래된 것이고, 소비자는 그게 어떤 제품인지 알고 있으니까요."

"게다가 그렇게 하면 들어가는 비용이 엄청납니다. 위스키 용기를 담는 원통 등을 포함한 포장 과정, 홍보에 쓰이는 돈이 어마어마합니다. 그러니 대형 증류업자가 기존 제품의 알코올 도수를 높이고 냉각 여과를 하지 않았다는 걸 레이블에 표시하고 홍보하는 변화를 시도하기로 결정했다면, 그건 정말 큰일이고 당연히 그에 드는 비용도 상상 이상입니다. 그것만으로 끝나는 일이 아니죠. 알코올 도수가 높아졌으니 세금도 더 내야 합니다. 그렇게 되면 제품 가격도 높아집니다."

"하지만 우리 회사가 변화를 시도할 때 가격 상승은 당연히 감당해야 하는 부분이었습니다. 그렇지만 이런 변화로 소비자가 우리 제품에서 손을 떼는 일은 벌어지지 않았습니다. 오히려 우리 회사 모든 싱글 몰트위스키의 매출이 늘어났어요. 부정적인 반응은 없었고, 모두가 칭찬했습니다. 대다수 주류 증류업자가 냉각 여과 제품은 한정판으로 출시하는 마당에 흥미로웠던 거죠."

빌 럼스던처럼 이언 맥밀런도 새로운 제품을 만들 때 피드백을 고려한다. "피드백 다수가 우리 웹사이트나 전 세계에서 시음회를 진행하는 앰배서더들에게서 옵니다."

"피드백 대다수는 부나하븐에 관한 건데, 이탄 느낌이 무척 강한 부나하븐 제품을 기대하고 있더군요. 우리 회사는 2003년부터 이탄 건조 처리한 맥아를 사용한 부나하븐 원액을 생산하고 있습니다. 다만 한정적으로 출시할 수밖에 없었죠. 하지만 2014년에 이탄 건조 맥아를 쓴 부나하븐 10년 제품이 출시되었습니다. 이 제품은 분명 이탄 건조 맥아를 쓴 정규 부나하븐 위스키를 바라던 많은 사람을 만족시킬 겁니다."

흥미롭게도 맥밀런은 이런 말을 남겼다. "마케팅하는 사람들은 SNS로 일하고, 그곳의 반응을 제게 전해주지만, 그래도 전 얼굴을 마주 보고 이야기를 듣는 게 좋습니다. 저는 트위터나 페이스북 계정이 없습니다."

SNS를 통해 소비자와 더욱 밀접해지다

더 맥캘란 같은 브랜드는 신제품을 출시할 때 독자적인 고민을 해야 한다. 왜냐하면 지식 수준과 상관없이 소비자들의 욕구에 대응해야 하는 건 물론 수집가나 투자자의 욕구도 생각할 필요가 있기 때문이다. 에드링턴의 싱글 몰트위스키 책임자 켄 그리어는 이런 말을 남겼다. "우리는 우리 시장을 통해 우리 소비자와 아주 밀접하게 지내고 있습니다. 바, 소매점을 들르는 사람들의 의견을 듣고, 우리 시장이 어떤지 조사를 수행하기도 하죠. 우리는 또한 경매장과 전문 컨설턴트들의 말에도 최대한 귀를 기울이고 있습니다. 블로그, 트위터, 페이스북 반응도 살펴보죠. 특정 제품이 얼마나 빨리 팔리는지도 고려하고 있습니다."

"더 맥캘란 로열 시리즈, 즉 대관식 기념 제품, 국왕 즉위 60주년 기념 제품, 윌리엄 왕자 결혼 기념 제품은 그런 수요에 대응한 겁니다. 우리는 수집가, 투자자, 소비자로서 사람들이 바라는 걸 넘어 그 동기마저도 이해하려고 노력합니다. 더 맥캘란은 경매장에서 수요가 엄청난 매물입니다. 더 맥캘란의 한정판은 투자해도 안전하고 유리한 물건입니다. 점점 그 가치는 높아질 겁니다. 사람들은 이미 그렇다는 걸 목격하는 중이고요."

그리어가 말을 이었다. "새로운 제품을 출시할 때마다 우리는 그에 맞는 이야기도 함께 제공합니다. 그래야 모두가 장점을 분명하게 알 수 있거든요. 제품에 관한 팸플릿과 브랜드 소개가 동반되는 건 물론이죠. 우리는 전문 언론, 홍보 활동, SNS를 통해 제품에 관한 이야기를 전합니다. 더 맥캘란 웹사이트에서도 많은 정보를 제공하고요."

"우리는 늘 SNS에서 사람들이 말하는 내용을 찾아 확인하고 그에 반응합니다. 우리는 알코올 도수를 중요하게 여기고 다른 알코올 도수를 지닌 위스키를 보고 싶어 하는 소비자들의 말에 귀를 기울여왔습니다. 차후 출시될 제품들은 분명 그 문제를 반영하여 선보이게 될 것입니다."

켄 그리어는 빌 럼스던의 경고에 동조하며 말을 마쳤다. "물론 SNS는 철저하게 살피고 받아들이는 게 필요합니다. 사람들의 의견은 모두 주관적이니까요." 하지만 더 위스키 보이즈의 니콜라 영은 이렇게 말한다. "SNS와 위스키는 이보다 더 궁합이 좋을 수 없어요. 위스키에 진정으로 열정을 품은 사람은 나중에 그 위스키를 마신 사람과 논쟁하고, 논의하고, 리뷰를 비교하는 일을 다른 어떤 일보다도 좋아합니다. SNS는 증류업자에게 즉각적인 시금석 역할을 합니다. 이미 완성된 포커스 그룹*이니까요. 그들은 무엇이 좋고 나쁜지 의견을 기꺼이 공유하려고 하고, 그렇게 되길 기다리고 있습니다. 접근도 쉽고요."

디아지오 같은 거대 스카치위스키 기업은 필연적으로 블렌디드 위스키에 사용될 싱글 몰트위스키를 생산하는 일을 가장 중요하게 여길 수밖에 없는데, 때로는 싱글 몰트위스키 브랜드에 혁신을 바라는 애호가들에게 귀를 기울이려 하지 않는다고 비난받기도 한다.

디아지오의 위스키 지원 부문 책임자 닉 모건 박사는 관련하여 이런 말을 남겼다. "우리가 판매하는 스카치위스키의 90% 이상이 블렌디드 스카치위스키입니다. 하지만 훌륭한 블렌디드 스카치위스키를 만들기 위해 출중한 싱글 몰트위스키를 만들고 있습니다. 우리는 그런 싱글 몰트위스

---

* 여론, 반응 조사를 위해 표적 시장에서 추출한 소수 소비자 그룹.

개빈 D 스미스

키를 시장에 선보이며 우리의 위스키 생산 기술을 자랑하는 일에 대단히 자부심을 느낍니다. 여기에 더해 매년 출시하는 스페셜 릴리즈 제품군은 품질 측면에서 타의 추종을 불허합니다. 물론 싱글 몰트위스키는 뛰어들기에 좋은 사업 분야이기도 하고요."

냉각 여과에 관한 문제에 대하여 닉 모건은 이렇게 주장했다. "라가불린 16년 같은 싱글 몰트위스키의 알코올 도수를 높인다면, 현재의 버전과는 다르겠지만 더 낫지는 않을 겁니다. 냉각 여과에 관해 말씀드리자면, 해당 과정은 플록• 형성을 방지하기 위해 진행됩니다. 플록은 인체에 해를 끼치지 않지만, 소비자에겐 골칫거리일 수 있죠. 아주 추운 환경에서는 특히 더 그렇습니다. 냉각 여과를 함으로써 우리는 한결같은 색과 외형을 유지할 수 있으며, 그게 바로 소비자가 가장 쉽게 구할 수 있는 싱글 몰트위스키 브랜드에 기대하는 바입니다. 앞서 언급한 스페셜 릴리즈 제품들은 보통 냉각 여과를 하지 않습니다."

싱글 몰트위스키 애호가와 교류하는 일에 관해 모건은 이런 말을 남겼다. "주요 싱글 몰트위스키, 즉 라가불린, 탈리스커, 오반, 카두, 더 싱글턴은 각각 페이스북 페이지가 마련되어 있습니다. 프렌즈 오브 더 클래식 몰츠facebook.com/FriendsoftheClassicMalts 페이지도 있지요. 트위터를 언급하자면 라가불린, 카두, 탈리스커, 더 싱글턴, 매년 출시되는 스페셜 릴리즈 제품들에 관해서 활발하게 활동하는 중입니다. 이 모든 플랫폼은 더 열정적인 소비자와 무수히 교류할 수 있도록 기회를 제공합니다. 우리 브랜드 앰배서더들 역시 페이스북과 트위터에서 무척 능동적으로 소통하고 있습니다."

"뿐만 아니라 우리는 소비자와 비평가가 SNS에서 하는 말을 무척 주의 깊게 읽고 있습니다. 간과하는 건 거의 없습니다. 이용자끼리 소통하는

• floc, 물속의 현탁물질이나 유기물, 미생물 등의 미립자를 응집제로 응집시킨 큰 덩어리.

상황에 개입하는 건 우리 회사의 방침이 아닙니다. 하지만 특정 상황, 예를 들면 직접 질문을 받았을 때엔 당연히 소통에 참여합니다."

규모라는 측면에서 글래스고 소재 유한회사 더글러스 랭 앤 컴퍼니 Douglas Laing & Co Ltd 같은 독립병입업자는 디아지오와 완전 판판이다. 하지만 SNS 활용이 업계의 주요 회사보다 그들에게 훨씬 더 중요할 수 있다는 건 많은 사람이 확인한 바이다.

상무이사 프레드 랭은 이렇게 말한다. "위스키 부문 이사인 내 딸 카라는 특히 SNS에 몰두하고 있습니다. 우리 회사엔 다른 일은 전혀 하지 않고 오로지 트위터와 페이스북 업무만 맡는 직원도 있습니다. 우리 핵심 브랜드인 빅 피트Big Peat와 스캘리왜그Scallywag를 홍보하는 일을 하죠."

하지만 다른 많은 위스키 업계 동업자들처럼 랭은 소비자와 직접 대면하는 것이 지극히 귀중한 경험이라는 걸 무척 잘 알고 있다. 관련하여 그는 이렇게 말했다. "행사에서 우리는 최대한 많은 소비자를 만나려고 합니다. 블로거들과도 많이 이야기하려고 하죠. 그들은 많은 나라에서 여론 형성에 중요한 역할을 하고 있으니까요. 우리는 축제, 순회 홍보 행사, 시음회에 적극적으로 참여하므로 때로는 우리 직원이 한 주에 4개국으로 가는 일도 생깁니다."

그런 행사에 참여함으로써 독립병입업자는 애호가들을 만나 자사의 귀중한 술을 놓고 '시장 조사'를 할 수 있다. 프레드 랭은 이렇게 말했다. "시음회에서 우리는 종종 곧 출시할 제품을 몇 가지 선보이곤 합니다. 숙성 연수가 얼마 안 된 것일 수도 있고, 50년 숙성한 '노스 브리티시North British'일 수도 있지요."

"그레인위스키는 무척 긍정적으로 받아들여졌습니다. 시장에 관심이 충분하기에 클랜 데니Clan Denny 브랜드에 그레인위스키를 포함하는 건 물론 올드 퍼티큘러Old Particular 브랜드에 싱글 그레인위스키를 넣을 수 있었죠.

개빈 D 스미스

싱글 그레인위스키를 선보였을 때 소비자들이 보인 열의가 이끌어낸 일이죠. 우리는 숙성 연수가 얼마 되지 않아 기운이 넘치는 쿨일라Caol Ila 6년을 출시할지도 모릅니다. 행사에서 소비자들에게 좋은 반응을 얻는다면 병입할 확신이 생기겠죠."

'행사'는 위스키 업계 전문가들이 옥스퍼드셔를 근거로 사업을 하고 있는 피터 아버스노트 같은 애호가를 만날 기회가 되기도 한다. 그는 1990년대부터 싱글 몰트위스키를 사고 마셔온 사람이다. "때때로 위스키 회사와 독립병입업자 웹사이트를 살펴봅니다." 그가 말했다. "하지만 저는 트위터나 페이스북을 하지 않아요. 가끔 시음회나 위스키 축제에 가죠. 증류업에서 일하는 사람들과 만나 대화를 나누는 건 정말 즐거운 일입니다. 특히 브랜드에 관련한 일만 하는 사람보다 실제로 위스키 생산에 관여하는 사람을 만날 때는 더욱 즐겁죠."

　　아버스노트는 위스키에 열을 내는 사람은 아니지만, 20년 동안 위스키에 관심을 보이며 쌓은 상당한 지식을 갖추고 있었다. "마이클 잭슨의 『몰트위스키 컴패니언Malt Whisky Companion』도 가지고 있고, 증류소와 새로운 제품 측면에서 최근 동향을 알고 싶어서 『몰트위스키 이어북』도 매년 구매하고 있습니다."

　　아버스노트는 니콜라 영이 SNS에서 가장 많이 언급된 주제라고 말한 목록에 들지 못한 주제, 즉 숙성 연수에 관해 주장을 하나 제기했다. "더 오래 숙성되었다고 더 좋은 위스키는 아니죠." 그가 말했다. "하지만 숙성 연수가 표기되었다면 어느 정도인지 알 수 있습니다. 숙성 연수를 표기하지 않은 위스키는 점점 더 늘어나고 있어요. 대다수 증류업자가 숙성된 재고가 바닥나려고 하니 그러는 거겠죠. 그들은 숙성 연수 표기가 없는 제품에 관해 말할 때면 늘 선정이 중요하다고 합니다. 나무에서 가장 잘 익은 사과를 따는 것처럼, 가장 완벽하게 숙성되었을 때 위스키를 출시하는 거라고요. 하지만 편의 때문에 그러는 건 아닌지 의심이 되는 건 사실입니다."

닉 모건은 숙성 연수 문제에 관해 이렇게 반응했다. "다른 위스키 생산자처럼 우리는 혁신에 아주 공들이고 있습니다. 특히 풍미 측면에서는 더욱 그러하죠. 이 분야가 바로 우리의 혁신 팀이 우리의 통 제작자, 숙성 전문가, 블렌더와 협업하여 우리에게 자부심을 갖게 하는 그런 분야입니다. 탈리스커 스톰, 탈리스커 스카이, 그리고 다른 탈리스커 제품들은 대성공을 거둔 게 증명되었습니다. 더 싱글턴 테일파이어나 오반 리틀 베이 같은 변형 제품들도 마찬가지로 성과를 거뒀죠. 이런 제품은 이후로도 더 많이 출시될 겁니다."

"이런 매력적이고 흥미로운 새로운 변형 제품들에 사람들이 보낸 열광적인 반응은 숙성 연수 표기 없는 스카치위스키 제품들이 업계를 끝장낼 거라는 순수주의자들의 주장이 거짓이라는 걸 증명했습니다. 이런 새로운 제품들의 성공은 SNS에서 떠들썩하게 논평하는 사람들이 정기적으로 싱글 몰트위스키를 소비하는 대다수 사람을 대변하지 않는다는 걸 드러냈습니다•."

글렌모렌지가 투타를 만들어내고자 캐스크 마스터스 '클럽'을 조직했듯, 다른 브랜드도 비슷한 조직을 운영하고 있다. 디아지오의 '프렌즈 오브 더 클래식 몰츠', 발베니의 '웨어하우스 24', 더 달무어의 '커스토디언', 아드벡의 '디 아드벡 커미티'가 그 예이다.

빌 럼스던이 했던 말에서 이 모든 조직의 목적을 다음처럼 요약할 수 있다. "디 아드벡 커미티 회원은 독점적으로 제품 구매 기회를 누릴 수 있고, 새로운 제품이 나온다는 소식을 미리 알 수 있습니다. 회원들은 증류소

• 옮긴이 주: 앞서 닉 모건이 언급한 모든 위스키가 숙성 연수 표기가 없는 제품이다.

개빈 D 스미스

와 연결되어 있고, 증류소의 일에 관여한다는 느낌을 받게 됩니다. 실제로 그들은 아드벡 증류소의 브랜드 앰배서더가 되어 주변 사람들에게 브랜드를 알리게 됩니다."

글렌모렌지 투타 모델에 가까운 개념을 보여준 한 브랜드 클럽은 더 글렌리벳의 '더 가디언스'이다. 2013년 말, 더 글렌리벳 증류소는 마스터 디스틸러 앨런 윈체스터가 선정한 세 가지 싱글 몰트위스키 샘플을 회원들에게 보냈다.

세 가지는 클래식(과일 느낌과 부드럽고 달콤한 캐러멜과 토피 느낌), 이그저틱Exotic(풍부하고 따뜻하며 스파이시한 느낌), 리바이벌Revival(과일 느낌과 크리미하고 달콤한 느낌)이었다. 더 가디언스의 투표로 승자는 이그저틱이 되었고, 2014년 이그저틱은 더 글렌리벳 가디언스 챕터라는 48.7 도짜리 숙성 연수 표기 없는 제품으로 출시되었다.

그러는 동안에도 수고를 아끼지 않고 시간을 들여 궁금했던 증류소를 방문한 소비자들에게 '보상'으로 증류소 방문 전용 제품을 판매하는 일은 급증했다. 이런 제품들은 수집 가치도 있을 뿐더러 독특한 시음 경험도 누릴 수 있게 한다. 글렌고인 증류소의 티 팟 드램, 더 달무어 증류소의 익스클루시브 같은 미리 만들어 놓은 형태의 제품도 있지만, 직접 하나의 통에서 병에 위스키를 옮겨 담도록 한 증류소도 있다. 아버펠디, 아버로워, 벤로막, 풀트니 증류소가 이에 해당된다.

디 에든버러 위스키 보이즈의 니콜라 영은 이렇게 말한다. "증류업계의 최고위 의사 결정자가 지역, 혹은 세계 앰배서더 대신 위스키 디너, 출시 행사, 시음회, 혹은 트위터 등에서 작가나 영향력 있는 사람들의 앞에 나서는 건 이젠 당연한 일이 되었습니다. 예전에야 그들은 명성을 얻거나, 자존심을 살리거나, 참신해보이기 위해서 그런 일을 했지만요. 그들이 직접 나서는 이유는 제품에 관해 전례가 없고 독립적인 논평을 들을 수 있기 때문입니다. 또 사람들이 무엇을 원하고, 최근 출시한 제품에 관해 사람들이 어떤 생각을 하고 있는지 바로 알 수 있는 기회이기도 하고요."

"홍보나 마케팅 부서는 다음 아이디어를 조언하고 예측하려면 오랜 시간이 걸리지만, 현장에 있는 사람들(작가와 인플루언서)은 다른 관점을 제시할 수 있죠. 우리는 소비자이자 영향력을 미치는 사람들이니까요."

영은 다음처럼 낙관적인 결론을 내렸다. "싱글 몰트위스키 증류업자들이 우리의 말에 귀를 기울이는 건 명백합니다. 스몰 배치나 증류소 방문 전용 제품이 그 어느 때보다도 많이 병입되고 있습니다. 냉각 여과를 하지 않고, 캐스크 스트렝스에 스피릿 캐러멜을 첨가하지 않은 제품도 늘어나고 있어요. 보모어, 아일 오브 아란, 글렌로시스, 브룩라디, 녹두 증류소 같은 소수 증류소에서는 이런 일이 표준이 되어가는 중입니다."

증류업자와 소비자 사이에는 문자로 된 수많은 채널이 있지만, 한 가지는 분명하다. 대화는 계속될 것이고, 더 많은 목소리가 들려올 것이다. 그 결과로, 싱글 몰트 스카치위스키 세상은 확실히 혜택을 얻을 것이다.

(2016)

개빈 D 스미스

풍미를 배가시키는 위스키와 음식의 페어링

마흐티느 누에

20여 년 전 일이 기억난다.
내가 음식과 위스키를 페어링하는 실험을 시작하자
사람들은 나를 괴짜나 미친 사람 취급했다.
그 당시엔 일류 싱글 몰트위스키를
음식과 페어링하는 일이 이단처럼 보였다.
하지만 이런 페어링은 이제 거의
고전의 위치에 올라섰고, 내 결단에
자극받은 사람들이 적극적으로
모방했다는 점에 기쁘면서도 자랑스럽다.

음식과 페어링할 만한 적당한 위스키를 선택할 때는 음식에 어울리는 와인을 선택할 때와 똑같은 노력이 필요하다. 일단 술에 관한 일정 지식이 필요하다. 나머지는 연습에 달렸다. 미각과 감도에 대한 역량은 전적으로 감각적인 평가에 달렸기 때문이다. 몇몇 사람이 화학적 성질을 통해(유사한 분자 프로파일에 근거하여) 음식과 위스키를 맞추는 과학적인 접근을 시도해왔다는 건 나도 알고 있다. 하지만 그런 방법에 도무지 확신이 들지 않는다. 내게 풍미를 올바르게 이해하는 건 화학반응 저 너머에 있는 일이다. 개인적인 미각과 문화적인 환경은 배제할 수 없는 요소이다.

먼저 위스키를 살펴보자. 싱글 몰트위스키, 팟 스틸 위스키, 버번위스키, 라이 위스키가 드러내는 환상적인 향의 집합은 그 표현이 와인만큼이나 많다(더 많을 수도 있다!). 이러니 한 잔의 위스키가 식전주나 식후주보다 더 폭넓게 즐거움의 원천이 될 수 있는 건 당연하다. 사람들이 남긴 시음기를 보면 위스키는 종종 온전한 요리처럼 보인다. 코로 느끼건 입으로 느끼건 많은 느낌이 음식과 관련되어 있다. '훈제 청어', '소꼬리 수프', '후추를 친 고등어', '베이컨', '크렘 브륄레', '레몬 머랭 파이' 등이 시음기에서 보이는 표현이다. 풍미가 풍성한 위스키는 '액체'가 된 요리라도 된 것처럼 자신을 드러낸다. 음식과 위스키 사이의 이 모든 명백한 연관성은 자연스럽게 둘의 조화를 요구한다.

위스키와 음식은 각각 독자적인 풍성함과 특징이 있다. 조화가 잘 되었을 때 둘은 추가적인 특징을 만들어 새로운 풍미를 만들어 낸다. 1 더하기 1이 2가 아니라 3이 되는 것이다. 이상한 계산이지만 정말 맞는 말이라고 인정할 수밖에 없다. 음식과 위스키를 곁들이는 건 단순히 좋아하는 음식과 좋아하는 위스키를 같이 마시는 일이 아니다. 강하게 이탄 건조 처리된 맥아로 만든 싱글 몰트위스키, 예를 들면 옥토모어에 붉은 계열 과일을 얹은 머랭 쿠키를 곁들이면 어느 쪽도 제대로 즐길 수 없다. 이는 붉은

마흐티느 누에

드레스를 입고 오렌지색 스카프를 두르고 보라색 하이힐을 신은 것과도 같다. 우아하고 맛있는 조합이라고 보기 힘들다는 뜻이다.

음식과 술을 페어링하는 데는 단순하지만 기본적인 규칙이 있다. 위스키의 향 중에서도 핵심적인 것을 인식하는 일이 무척 중요하다. 그런 다음 위스키와 음식이 교류할 수 있게 '다리' 역할을 해줄 것을 찾아야 한다. 이때 다리는 주된 풍미를 내는 역할을 할 필요는 없다. 허브, 향신료, 과일이 그 역할에 어울릴 것이다. 그런 다음엔 위스키의 향을 반향하거나 보충할 수 있는 음식을 생각해야 한다. 여기서 어느 한쪽이 다른 한쪽을 압도하는 일이 벌어지지 않도록 균형을 맞추는 일이 중요하다. 물론 서로 대비되는 걸 매치할 수도 있다. 단 것이 있다면 쓰거나 신 것을 매치하거나, 매끈한 것이 있다면 바삭바삭한 것을 매치해도 된다는 뜻이다. 마지막으로 제안할 것은 질감을 염두에 두라는 것이다. 비단같이 매끈한 질감을 지닌 위스키를 크리미한 소스와 곁들이는 건 부드러운 질감을 강조하려는 의도를 드러내는 것이다. 하지만 매끈한 질감을 지닌 위스키를 바삭바삭한 음식(생채소나 얇게 구운 빵 조각 등)과 대조하여 각자를 더 두드러지게 할 수도 있다.

이런 선택은 계절에 따라서도 다르다. 풍성하고, 크리미하고, 무척 향기로운 셰리 와인 오크통의 영향을 받은 위스키는 오리, 소고기, 푸아그라, 파스닙, 리크, 건포도, 사과, 무화과, 생강, 계피를 재료로 쓰는 가을 요리와 뛰어난 조화를 이룬다. 하지만 가벼운 샐러드, 붉은 계열 과일, 가리비, 혹은 송아지 고기와는 분명 그렇지 못하다. 숙성 연수가 짧고 라이트 바디를 지닌 싱글 몰트위스키는 봄철과 여름철 재료와 곁들여야 한다. 예를 들면 조개류, 생선(연어나 농어), 허브(바질이나 고수), 잠두, 아티초크, 시금치, 회향, 대황, 베리류(검은 것과 붉은 것 모두)가 있다. 이들은 버번 오크통이나 리필 오크통에서 숙성된 싱글 몰트위스키와 이상적인 조합을 이룬다.

많은 싱글 몰트위스키 애호가가 이탄 느낌 가득한 싱글 몰트위스키에 훈제된 음식을 곁들이는 경향을 보인다. 한쪽의 스모키함이 다른 쪽과 충돌하고, 결국 음식이 제압되는 걸 생각했을 때 탁월한 선택은 아니다. 차라리 꿀과 맥아 느낌이 나는 위스키와 곁들이는 것이 낫다.

그렇다면 몇몇 쉬운 조합부터 검토해보도록 하자. 이해를 돕고자 위스키는 스카치 싱글 몰트위스키로만 고정할 것이며, 음식은 그에 맞게 여러 종류를 검토하도록 하겠다.

식재료별 위스키 페어링 예시

생선과 조개류

핵심은 신선함이다. 이것이 바로 숙성 기간이 짧은 생기 넘치는 버번 오크통 숙성 위스키가 이런 재료에 최적인 이유다. 생선은 이탄 건조 맥아를 쓰지 않은 위스키가 더 낫다. 예를 들면 글렌피딕 12년이나 글렌리벳 나두라 같은 스페이사이드 위스키가 크리미한 소스를 얹은 흰살 생선과 잘 어울린다. 이탄 건조 맥아를 쓰지 않은 하이랜드 위스키, 예를 들면 올드 풀트니 12년이나 오반 14년은 훈제 생선이나 기름진 생선과 멋진 조화를 이룬다. 스모키한 섬 위스키들은 굴, 홍합, 바닷가재와 어울린다. 굴에 라프로익 10년을 몇 방울 떨어뜨려 보라. 이건 정말 완벽한 팁이다. 바닐라 풍미를 지닌 쿨일라는 스캄피나 바닷가재와 훌륭한 조화를 이룬다. 가리비는 어떻게 준비되는지에 따라 다르다. 가리비와 블랙 푸딩 같은 해산물과 육류 요리가 동시에 한 접시에 나오는 때는 브룩라디의 아일라 발리가 어울린다. 아일 오브 주라 16년은 버섯과 함께 팬에서 구운 가리비와 곁들이면 좋다. 버터, 생강, 레몬이 들어가는 소스를 곁들인 가리비에는 버번 오크통에서 숙성한 위스키라면 무엇이든 잘 어울린다. 오큰토션 아메리칸 우드, 더 라디 텐, 글렌모렌지 10년이면 훌륭할 것이다.

육류

육류 요리는 스펙트럼이 넓다. 요약하면 소고기와 사슴고기는 셰리 와인 오크통에서 숙성한 위스키와 잘 어울린다. 오크 느낌은 스파이시한 소스, 그리고 와인 소스와 궁합이 좋다. 소스나 소스 안에 들어간 건과일은 훌륭한 다리 역할을 해낼 수 있다. 오렌지 같은 과일과 오리도 셰리 와인 오크통 숙성 위스키와 완벽한 짝이 된다. 이탄 건조 맥아를 사용한 위스키는 감귤류 과일과 잘 통한다. 오렌지 소스를 곁들인 구운 오리 가슴살 요리는 글렌파클라스 15년, 모트락 15년(독립병입업자 고든 앤 맥페일 제품), 혹은 글렌로시스 1988 빈티지 같은 셰리 와인 오크통 숙성 위스키와 즐기면 좋다. 하지만 고기 종류에 따라 버번 오크통 숙성 싱글 몰트위스키가 선택되기도 한다. 건과일과 함께 요리한 가금류나 양고기가 바로 그런 경우이다. 예를 들면 글렌모렌지 넥타 도어는 살구와 아몬드를 넣은 양고기 타진•과 짝을 이루면 굉장하다. 벤로막 10년과 구운 돼지 허리살을 말린 자두와 곁들인 요리도 잘 어울린다. 페퍼 스테이크 같은 스파이시한 요리엔 탈리스커 스톰 같은 위스키가 훌륭한 짝이 된다.

채소

위스키와 가장 잘 어울리는 채소는 뿌리채소이다. 파스닙, 당근, 돼지감자, 순무, 큰 뿌리 셀러리 등이 여기에 해당하는데, 그 이유는 단맛 때문이다. 채소처럼 사용되는 체스트넛(수프나 퓌레 형태로)도 위스키와 아주 잘 어

• tajine, 소고기, 양고기, 닭고기, 생선 등의 주재료와 향신료, 채소를 넣어 만든 모로코의 전통 스튜.

울린다. 흙 느낌을 품은 비트는 셰리 와인 오크통에서 숙성한 위스키와 궁합이 좋다. 풍성하고 부드러운 질감과 단맛을 지닌 호박도 위스키와 흥미로운 조합을 이룬다. 특히 이국적인 향신료나 바닐라로 양념했을 때 더욱 그렇다. 땅콩호박 크림과 코코넛 밀크는 버번 오크통 숙성 싱글 몰트위스키와 멋진 궁합이다. 감자는 '베이스'로 작용하기에 다소 중립적이다. 허브, 향신료, 과일로 양념하면 감자는 더 폭넓은 가능성을 보여준다. 아삭아삭한 생채소(당근, 회향, 무, 셀러리)는 질감도 흥미롭지만, 맛도 흥미롭다. 회향과 버번 오크통 숙성 위스키는 상쾌함을 주는 조합이다. 물론 아니스 열매 풍미를 견딜 수 있어야 하겠지만.

치즈

치즈는 위스키와 조합하기 가장 쉬운 음식일 것이다. 가장 중요한 한마디를 하자면, 치즈는 단 한 가지 종류만 쓰라는 것이다. 제공하는 치즈 종류 숫자에 맞게 많은 위스키의 뚜껑을 열 생각이 아니라면 모둠 치즈를 내는 일은 아예 생각도 말아야 한다! 어느 치즈에나 잘 어울리는 위스키를 찾는 일은 불가능하다. 따라서 여기서는 각각의 치즈 유형에 맞는 제안을 하도록 하겠다. 블루치즈에는 이탄 건조 맥아를 사용한 위스키를 곁들이는 게 좋다. 라가불린과 로크포르 치즈는 시작부터 이기는 조합이다. 체다 치즈와는 매끄럽고 달콤한 위스키가 어울린다. 싱글 그레인위스키나 퍼스트 필 버번 오크통에서 숙성된 싱글 몰트위스키를 선택하면 좋다. 전자로는 컴퍼스 박스의 헤도니즘, 후자로는 글렌로시스 알바 리저브를 예로 들 수 있다. 숙성된 치즈(꽁떼, 하우다, 그뤼에르)는 꿀과 과일 느낌이 동반된 맥아 풍미를 느낄 수 있는 위스키와 곁들이면 좋다. 발베니 더블우드, 아버로워 16년, 하이랜드 파크 12년이 그런 위스키에 해당된다. 치즈가 오래 숙성될수록 위스키도 그에 맞게 더 숙성 연수가 긴 것이 필요하다. 네덜란드에서 아주 오래 숙성한 하우다 치즈와 글렌파클라스 40년을 같이 즐긴 적이 있는데, 짭짤하고 푸석푸석한 느낌이 정말 뛰어난 조합이었다.

초콜릿

초콜릿은 위스키와 페어링할 때 선호되는 음식이다. 여기서도 다시 강조하는데, 아무 초콜릿을 아무 위스키와 조합하는 일은 없어야 한다. 색이 더 어둡고, 더 나은 품질의 것일수록 오크 느낌 강하고 셰리 와인 오크통 영향을 강하게 받은 위스키와 결합해야 한다. 프랄린, 밀크 초콜릿, 화이트 초콜릿은 크리미한 버번 오크통 숙성 위스키와 어울린다. 질감 역시 고려해야 한다. 솔티 캐러멜 소스와 내놓는 매끈한 초콜릿 퐁당(어느 정도는 쓴맛이 있는)은 보모어 12년과 궁합이 좋다. 라즈베리를 올린 화이트 초콜릿 치즈케이크와 글렌리벳 파운더스 리저브를 맞춰보라. 다크 초콜릿 타르트(견과류가 올라간다면 더 좋다)는 달무어 15년이나 라가불린 디스틸러스 에디션과 짝을 지으면 좋다.

그 외 디저트

이 주제를 정식으로 논하려면 분량이 어마어마해서 책 한 권으로도 모자랄 것이다. 그러니 아이디어와 사례만 짚고 넘어갈 수밖에 없다. 스페이사이드 싱글 몰트위스키와 과일 사이에 훌륭한 연관성이 있는 건 다들 잘 알 것이다. 특히 서양배, 사과, 복숭아, 살구와는 더욱 잘 맞는다. 대황은 조화가 약간 까다롭다. 자극적인 신맛이 아이스크림, 꿀, 메이플 시럽, 혹은 설탕에 절인 생강에 도전을 받을 수 있기 때문이다. 버번 오크통에서 숙성한 많은 싱글 몰트위스키가 코는 물론 입에서도 커스터드 같은 크리미함을 드러낸다. 커스터드와 잘 맞는 건 당연한 일이다. 예를 들어 플로팅 아일랜드*의 커스터드에 풍미를 더하는 것으로 여러 다른 위스키와 궁합을 맞출 수 있다. 커피엔 글렌로시스 1985 빈티지를 맞추고, 설탕에 절인 오렌지 껍질엔 아버로워 18년을 맞춰라. 코코넛엔 오큰토션 클래식을 맞추는 게 좋다. 그렇지만 커스터드에 위스키를 첨가하는 건 개인적으로 좋아하지 않는다. 넣어볼 때마다 늘 지나치게 풍성한 존재감을 드러냈고, 그래서 거의 역겨울 정도였다. 꼬냑이나 럼이라면 괜찮지만, 위스키는 아니었다.

위스키의 친구는 견과류라는 점도 기억하라. 숙성 연수가 얼마 안 된 위스키엔 아몬드를, 오래된 위스키엔 구운 헤이즐넛을, 아주 오래된 위스키엔 호두를 준비하라(특히 셰리 와인 오크통 숙성이라면 더더욱).

자, 문제가 하나 있다. 위스키가 식초(예를 들면 샐러드에 사용되는)나 양파 같은 재료와 짝을 이룰 수 있을까? 대답은 '그렇다'이다. 하지만 훌륭한 조미료인 식초는 반드시 주의 깊게 취급해야 하는 물건이기도 하다. 개인적으로는 식초 중에서도 발사믹 식초를 활용하는 걸 추천한다. 신맛도 덜하고, 흥미로운 향의 스펙트럼이 있다. 이는 숙성이 얼마 되지 않은 것이나 오래된 것이나 마찬가지이다. 여기서 내가 말하는 발사믹 식초는 '진짜' 발사믹 식초를 뜻한다. 비싸지만, 몇 방울만 쓰면 된다. 이 식초는 반드시 생으로 사용해야 한다. 다른 식초를 생으로 쓰는 건 권장하지 않는다. 항상 지나치게 공격적인 모습을 보이기 때문이다. 소스에 쓸 때 와인이나 사과주스로 만든 식초는 톡 쏘는 맛을 일부 잃어버린다. 특히 꿀이나 건과일로 달콤하게 소스를 만들면 더욱 그렇다. 양파도 같은 원칙을 따르면 된다. 생양파는 너무 자극적이라 입에도 그 풍미가 오래 남아 위스키와 충돌할 것이다. 하지만 조리한 양파, 특히 캐러멜화된 양파(처트니♦, 소스, 혹은 샐러드에 들어갔을 때도)는 위스키와 좋은 궁합을 보인다.

위스키와 궁합을 맞추거나, 혹은 위스키를 넣어 조리할 때 개인적으로

- floating island, 바닐라 커스터드에 머랭을 띄우는 디저트.
- ♦ chutney, 과일, 설탕, 향신료, 식초로 만드는 걸쭉한 소스.

유일하게 금지하는 재료가 딱 한 가지 있는데, 그건 바로 마늘이다. 마늘은 생이든, 조리된 것이든, 퓌레로 만든 것이든 절대로 위스키와 붙이면 안 된다. 마늘은 뱀파이어만 죽이는 게 아니라 위스키도 죽인다. 절대로 시도해서는 안 된다.

요리 기법의 문제

앞서 살핀 것처럼 적절하게 선택하면 위스키와 음식은 정말 마음에 드는 짝이 된다. 심지어 여기서 더 나아갈 수 있다. 접시와 잔 사이에서 위스키가 제 역할을 해냈으니, 접시 안에서도 당연히 제 역할을 하리라는 근거로 음식 재료로서 위스키를 활용하는 것이다. 위스키와 음식을 맞춰보는 것처럼 위스키로 적절히 요리하는 건 아무 음식에나 아무 위스키를 쓰는 걸 뜻하지 않는다. 궁합을 봤을 때처럼 똑같은 향의 스펙트럼에서 위스키로 요리를 해야 한다는 뜻이다. 풍미가 훌륭하고 조화롭게 나타나는 것만큼 조리할 때 위스키가 요리에 혼합되는 방식도 중요하다. 요리사는 알코올이 날아가도 향을 유지하는 방법을 추구해야 한다. 싱글 몰트위스키는 요리에 특히 잘 어울리는데, 이는 고유의 엄청난 향 스펙트럼이 온갖 요리 준비 형태를 가능하게 하고, 무척 흥미로운 풍미도 끌어낼 수 있게 하기 때문이다.

　사람들은 프랑스 요리사들을 유명하게 만든 '플랑베•'를 가장 먼저 떠올릴 것이다. 하지만 불은 알코올에 기인한 불쾌한 연기가 나게 할 뿐더러 대다수의 향을 날려버린다. 눈요기에는 좋을지 모르지만, 시간과 돈을 낭

• flambé, 술을 끼얹고 불을 붙여 향을 입히는 요리 기법.

비하는 짓이다. 에스코피에•나 폴 보퀴즈◆의 시대엔 분명 '크레페 수제트▪' 같은 것을 선보이며 전 세계로 투어를 다녔지만, 여기서는 그런 선례를 따르지 않는다. 그러니 플랑베 기법 같은 건 잊도록 하자.

마리네이드는 위스키와 음식을 결합하는 최고의 방법임이 틀림없다. 하지만 재워두는 시간은 반드시 짧아야 한다. 15분이 지나면 알코올은 고기나 생선의 살을 '요리'하려고 하며, 잿빛을 띤 색조를 남긴다. 위스키는 식육 연화제로서 과도하게 사용되면 고기의 조직을 파괴할 수도 있으며, 스테이크를 넝마가 된 스펀지 덩어리로 변하게 할 수 있다. 위스키로 요리에 미세한 느낌을 내고 싶다면 고기 표면에 위스키를 붓으로 바르거나, 피시 타르타르★에 위스키를 살짝 더하면 된다. 몇몇 음식은 마리네이드보다 매서레이팅▼이 필요하다. 예를 들어 해덕*은 꽃향기 나는 로랜드 싱글 몰트위스키 또는 맥아 느낌이 나고 가벼운 스페이사이드 싱글 몰트위스키에 요거트를 섞은 액체에 적어도 24시간은 두어야 싱글 몰트위스키의 향을 훨씬 더 잘 유지한다.

마리네이드는 위스키만으로 하지 않아도 된다. 적당한 양념, 즉 레몬, 올리브 오일, 향신료, 허브, 특별한 소스(데리야끼나 우스터 소스 등)를 가미해도 된다. 신선한 생강, 꿀, 마멀레이드, 발사믹 식초는 요리를 준비하는 과정에서 위스키를 보완해준다. 다시 한 번 강조하지만 마늘은 아예 잊도록 하자. 팁을 하나 공개하겠다. 생 스캄피를 10분 동안(그 이상은 안 된다) 라임 주스에 재워두고, 이탄 건조 맥아를 쓴 위스키(쿨일라 같은) 두 테

- Georges Auguste Escoffier, 프랑스 요리 장인. 현대 프랑스 요리를 체계화한 책을 저술.
- Paul Bocuse, 프랑스 최고 권위 훈장인 레지옹 도뇌르를 받은 전설적인 프랑스 요리사.
- crêpe suzette, 리큐어나 브랜디를 플랑베 기법에 활용하여 만든 오렌지 풍미의 팬케이크.
- fish tartare, 날생선의 살을 양파, 케이퍼, 후추 등으로 양념하여 내는 요리.
- macerating, 마리네이드와 비슷하지만 훨씬 오랜 시간이 필요하다.
- Haddock, 북대서양에서 잡히는 대구의 일종.

마흐티느 누에

이블스푼, 약간의 고추를 더한 갈아둔 생강 뿌리와 갈아둔 라임 한 티스푼을 더한다. 팬에 올리브 오일을 살짝 두르고 준비한 걸 굽는다. 스캄피를 재워둔 라임 주스로는 팬을 디글레이즈*한다. 팬을 디글레이즈한 이 라임 주스는 단 것과 만나면 존재감을 드러낸다. 준비한 라임 주스에 졸이기 전에 서양배나 사과 같은 과일은 위스키와 꿀에 담가 둘 수 있다. 설탕에 절였거나 말린 과일 역시 쉽게 위스키를 '빨아들인다'. 건포도, 대추, 무화과, 살구가 그렇다.

위스키는 양념처럼 요리를 '마무리'하는 데 사용할 수 있다. 가장 좋은 방법은 불을 끄고 난 최후의 순간에 위스키를 붓는 것이다. 풍미를 일깨우고자 굽거나 찐 생선 위에 위스키를 약간 부을 수도 있다. 단 것에도 이는 똑같이 적용된다. 무척 뜨거운 팬에 약간의 위스키를 부어 디글레이즈하는 건 쉬운 일이며, 이렇게 하면 알코올 느낌 없이 풍미를 부여할 수 있다.

요리에 사용되는 위스키의 양은 위스키 자체의 향 스펙트럼에 달렸다. 이것이 바로 블렌디드 위스키보다 싱글 몰트위스키가 요리에 더 적합한 이유이기도 하다. 가볍고 섬세한 싱글 몰트위스키는 많이 써도 되지만, 이탄 느낌이 가득하거나 셰리 와인 오크통의 영향을 받은 싱글 몰트위스키는 살짝 쓰는 정도에 그쳐야 한다. 연금술의 문제가 아니라면 화학의 문제인 것이다. 여하튼 그런 방식은 요리에 쓰이는 온갖 재료에도 적용되는 바이다. 그렇지 않은가? 붓으로 위스키를 바르는 건 기법이라기보다는 팁이지만, 무척 효과가 좋다. 특히 케이크에는 더욱 뛰어나다. 그저 붓을 위스키에 적시고, 요리한 음식 표면에 바르면 된다. 예를 들어 바비큐한 양다리에 꿀과 하이랜드 싱글 몰트위스키(달위네이 14년이나 클라인리시 14년)를 섞어 바를 수 있다. 요리를 내기 전에 분무기로 위스키를 뿌리면 아주 흥

* deglaze, 고기를 볶거나 구운 후에 바닥에 눌어붙어 있는 것을 와인이나 꼬냑 등 국물을 넣어 끓여 녹이는 일.

미로운 풍미를 더할 수 있고, 이는 손님을 놀라게 할 것이다. 나는 항상 화로 근처에 두 개의 분무기를 두고 있다. 하나엔 스모키한 위스키가 들어 있고, 다른 하나엔 풍미가 풍부한 스페이사이드 싱글 몰트위스키가 들어 있다. 여기서 매우 중요한 점은, 향이 빨리 사라지니 최후의 순간에 분무기를 쓰라는 것이다. 마지막으로 권할 것은 구운 아몬드를 띄운 파스닙 크림수프 위에 이탄 건조 맥아를 쓴 위스키를 분무기로 뿌리라는 것이다. 여름엔 제철 과일 샐러드 위에 부드럽고 과일 향이 두드러지는 싱글 몰트위스키를 뿌리면 된다.

왠지 배고픈 생각이 드는가? 이젠 여러분이 실험을 할 때가 되었다. 여러분에게 도움이 될지 모르겠지만, 나는 『테이블A Table』이라는 책을 출간한 바 있다. 위스키는 시음잔부터 요리를 담는 접시까지 해낼 수 있는 일이 많고, 이와 관련된 내용이 책에 담겨 있다. 이 책에는 조리법뿐만 아니라 요리 기법과 재료에 관한 상세한 안내도 포함되어 있다.

그럼, 본 아뻬띠!

마흐티느 누에

✳ 위스키와 음식을 훌륭하게 페어링하기 위한 지침

- 훈제 음식 & 풀과 맥아 느낌 나는 하이랜드 싱글 몰트위스키나 스페이사이드 싱글 몰트위스키, 혹은 아이리시 블렌디드 위스키(모두 이탄 건조 맥아를 사용하지 않은 것이어야 한다)
- 가벼운 샐러드, 아삭아삭한 채소 & 꽃향기가 감도는 로랜드 싱글 몰트위스키나 숙성 연수가 얼마 안 되는 아일라 섬 싱글 몰트위스키
- 붉은 고기나 사슴고기 & 셰리 와인통 숙성 싱글 몰트위스키, 이탄 느낌 강한 싱글 몰트위스키, 라이 위스키
- 감귤류 과일 & 스모키한 싱글 몰트위스키
- 조개류와 생선 & 짭짤하거나 이탄 느낌 있는 싱글 몰트위스키나 바닐라 느낌 나는 위스키(여기엔 버번위스키도 포함된다)
- 크리미하고 바닐라가 들어간 모든 디저트 & 버번 오크통 숙성 싱글 몰트위스키나 버번위스키
- 초콜릿이나 건과일 푸딩 & 셰리 와인 오크통에서 숙성된 싱글 몰트위스키, 버번위스키, 라이 위스키, 아이리시 팟 스틸 위스키

✻ 몇 가지 원칙

- 늘 가장 신선한 재료를 써서 요리할 것.
- 풍미의 전체 스펙트럼이 결합함으로써 생기는 혼동을 피할 것. 개인적으로는 항상 세 가지 재료를 쓴다는 관점으로 요리한다. 하나의 주 재료(육류, 생선, 샐러드, 과일 등)가 있다면 나머지 두 개의 재료는 주 재료와 반대되거나, 결합되거나, 보충하는 방식으로 부수적인 역할을 해야 한다.
- 위스키와 음식 사이에 다리가 될 만한 걸 찾을 것. 둘을 연결하는 다리는 둘의 조화를 용이하게 한다. 공통적인 부분을 강화하기 때문이다. 그런 다리는 양념, 향신료, 더 나아가 재료가 될 수도 있다. 공통분모를 찾아라.
- 제철에 관해서는 양보해서는 안 된다. 여름에 스튜를 끓인다거나, 겨울에 딸기를 먹겠다는 생각은 잊어라. 어느 한 증류소의 위스키를 선택하더라도 계절에 맞는 위스키를 선택하라. 위스키에도 계절적인 풍미가 있다.
- 음식과 위스키 사이의 결합을 강화하라. 음식을 준비할 때 위스키를 첨가할 수 있다(그렇다고 이 일을 체계적으로 해서는 안 된다). 이렇게 할 경우 위스키는 양념의 구성 요소로써 기능할 것이다.

(2016)

마흐티느 누에

찰스 머클레인

스카치위스키의 주조 및 판매를 관리하는
규칙과 규제는 오랜 세월 업계를 형성해왔다.
그들은 이런 규칙과 규제를 받아들이거나
회피하며 오늘날 우리가 알고 있는
스카치위스키의 발전 과정에서
핵심적인 역할을 수행했다.

만들어낼 수 있는 위스키의 양은 증류업자가 구할 수 있는 곡물의 양과 비례한다. 그 결과 18세기 중반까지 스코틀랜드에서 증류는 소규모 공동 작업으로 이루어졌다. 증류는 농업과 밀접한 관련이 있었다. 양조와 증류 과정의 잔여물, 즉 술지게미는 겨울에 가축을 먹일 필수적인 사료였고, 스코틀랜드 시골 경제 대부분은 목축업에 기반을 두었다. 공동체에서 수확한 곡물로 개인이 증류하는 일은 증류주를 판매하지 않는 한 법적으로 아무런 문제가 없었다. 판매할 경우 소비세가 부과되었다. 물론 증류주 대부분은 자가소비되었다. 하지만 밀주, 즉 불법적인 위스키 운송과 판매는 광범위하게 행해지고 있었고, 1760년대에는 개인 증류업자가 판매한 위스키의 양이 인가 증류업자가 판매한 양보다 10배 더 많았다고 추정된다.

1770년대가 되자 농업이 발전하여(특히 로랜드) 잉여 곡물이 생기게 되었는데, 이 덕분에 기업가들(특히 슈타인 가문과 그들의 친척인 헤이그 가문)은 알로아와 에든버러, 그리고 파이프에서 거대한 상업적 증류소를 세울 수 있게 되었다. 글래스고 대학의 기록학 교수인 마이클 모스 교수에 따르면 이들의 증류소 사업이 스코틀랜드 산업혁명 첫 10년간 분야를 막론하고 가장 규모가 큰 제조업이라고 한다.

정부로서는 증류 작업이 로랜드에 있는 대규모 증류소에만 집중될 경우 세금을 거두기는 쉬운 일이었다. 그에 따라 1774년에는 400갤런 미만 용량의 워시 스틸*, 100갤런 미만 용량의 스피릿 스틸♦ 사용이 금지되었다. 철저하게 대규모 증류소를 편애한 이런 법 개정으로 저용량 증류기를 사용하던 하이랜드에서 사실상 합법적인 증류는 금지되었다. 1781년에는 개

• wash still, 첫 번째 증류를 담당하는 단식 증류기. 워시를 증류하여 로 와인을 만든다.
♦ spirit still, 두 번째 증류를 담당하는 단식 증류기. 첫 번째 증류를 맡은 워시 스틸에서 나온 로 와인을 증류한다.

　　　　　　　　　　　　　　　　　　　　　　　찰스 머클레인

인이 증류하는 일마저 완전히 금지되었는데, 이런 조치는 밀주를 더 활성화시킬 뿐이었다. 1782년 간접세무국*은 1,940개의 불법 증류기를 압수했는데, 대다수가 하이랜드의 것이었다.

이에 정부는 관념상 경계선인 '하이랜드 라인'의 상부와 하부에 다른 과세 조항을 도입하여 하이랜드에서 합법적인 증류를 장려하고자 했다. 두 지역 모두 소비세는 증류기 용량에 따라 부과되었지만, 하이랜드 상부에는 더 적은 세금이 부과되었다. 그곳은 30~40리터 용량의 소형 증류기가 허용되었는데, 하이랜드 지역 너머로 그런 증류기를 움직이는 것은 금지되었다. 하지만 하이랜드 하부는 예전과 마찬가지로 워시 스틸은 400갤런 이상, 스피릿 스틸은 100갤런 이상의 용량을 갖춰야 했다. 하원위원회에서 런던 증류업자들이 진술한 바에 근거하여 세금은 매주 대략 7번 증류기를 가동한다는 가정에 따라 매겨졌다. 양질의 증류주를 생산해야 하는 것은 당연했다.

그러나 이런 경고에도 불구하고 로랜드 증류업자들은 알코올 도수가 무척 높은 독한 워시를 만들고 컵받침 접시처럼 생긴 얄팍한 증류기를 활용하여 증류 속도를 더 높이는 방법을 찾았다. 그 결과 증류는 아주 빠르게 진행되었다. 24시간에 25번 증류라는 결과는 예상보다 2~3배 더 많은 것이었다. 이런 방책으로 늘어난 세금의 부담은 줄일 수 있었겠지만, 알코올 증기와 증류기의 구리 벽이 잘 접촉하지 못해 아주 조악하고 불순한 위스키가 생산되었다. 이런 위스키는 추가로 정류를 하거나 아니면 설탕과 레몬, 향신료를 넣어 토디로 마셔야 했다.

그런 증류기를 운용하려면 새로운 장비에 투자할 필요가 있었다. 특히 워시를 예열하고 워트◆를 일정한 온도로 맞출 더 크고 강력한 증기 기

● Excise Office. 부가가치세를 포함한 관세와 물품세의 징수와 회계, 일정한 수출품과 수입품의 통제를 포함한 관리 업무, 금지 상품의 단속과 무역 통계 집계 따위를 주 업무로 하는 영국의 정부 부처.

◆ Wort. 매싱이 끝나고 추출된 당분을 담은 액체. 이후 효모를 투입하여 당분을 알코올로 전환하는 발효 과정을 거친다.

관이 필요했다. 러머저*라고 하는 구리 체인도 워시 스틸 안에 장착되어야 했는데, 이 장치는 기계적으로 회전하며 증류기 바닥에 워시가 타서 달라붙어 로 와인◆을 오염시키는 것을 막았다.

살펴본 것처럼 하이랜드 상부의 인가 증류소들은 증류기 크기와 곡물 확보(전부는 아니지만 대부분 그 지역 보리 맥아를 사용했다) 측면에서 제약이 있어 로랜드 소재 대규모 증류소들처럼 빠른 증류를 가능하게 하는 얄팍한 증류기를 도입하지 못했다. 그 결과 그들이 생산한 위스키는 품질 면에서 훨씬 우수했다. 법은 그 위스키가 하이랜드 내부에서만 소비되어야 한다고 규정했지만, 많은 양이 그보다 남쪽으로 내려왔다.

물론 불법 증류업자들은 그들이 바라는 대로 소형 증류기에서 알코올 도수가 낮은 워시를 써서 천천히 증류할 수 있었고, 그들의 제품은 합법적으로 생산한 하이랜드 위스키보다 훨씬 더 호의적인 평가를 받았다. 밀주는 급격하게 늘었고, 몇몇 밀주업자는 잘 짜인 조직을 동원하여 대규모로 사업을 벌였다. 하이랜드에서 벌어지는 밀주에 관해 1790년에 작성한 보고서는 하이랜드 라인 아래에서 활동하는 수많은 밀주업자들에 대해 이런 언급을 남겼다. "50, 80, 혹은 150마리에 이르는 매우 튼튼한 말과 함께 여행하는 이 크고 대담한 무리는 한낮에 공공연하게 주요 도로나 도시와 마을의 거리를 마치 지나갈 일이 있다는 듯이 지나갔다."

1786년엔 생산량이 2배가 되었고 881,969갤런이 남쪽으로 보내졌는데, 이는 정류하여 진gin을 만들기 위해서였다. 모든 증류주의 25%는 잉글랜드에

---

* Rummagers, 증류기 바닥에서 회전하는 구리 체인으로 증류기를 직접 가열할 때 불순물이 증류기 바닥에 눌어붙어 타는 것을 방지하는 장치.

◆ Low Wines, 워시 스틸에서 나온 증류액. 대개 21도에서 30도 사이의 알코올 도수를 보인다. 여전히 불순물을 많이 담고 있는 상태이다.

찰스 머클레인

서 생산되었다. 리버풀과 브리스톨 증류업자들의 지원을 받은 슈타인 가문은 생산비보다 낮게 가격 책정을 함으로써 실질적으로 시장을 독차지하던 런던 증류업자들에게 도전하려고 했다. 런던 증류업자들 역시 시장에서 스코틀랜드 경쟁자들을 몰아내고자 가격 인하로 맞대응했다. 그들은 동시에 간접세무국 관리들에게 뇌물을 바쳐 운송에 규제를 가하게 했고, 동시에 의회에도 로비하면서 스코틀랜드 증류업자들이 매주 40회 이상 증류하게 해야 한다고 주장하기도 했다.

1788년 제정된 로랜드 면허법Lowland License Act에 따라 스코틀랜드 증류업자들이 잉글랜드에 수출을 하려면 1년 전에 고지를 하는 것이 의무가 되었다. 이로 인해 그들은 사실상 1년 동안 생산에서 손을 떼게 되었다. 그리하여 스코틀랜드 증류소 중 가장 큰 다섯 곳(모두 슈타인 가문과 헤이그 가문의 것이었다)은 영업을 중단했고, 동시에 70만 파운드(오늘날 화폐 가치로 따지면 약 1억 파운드 정도)의 빚까지 지게 되었는데, 대부분이 소비세였다.

잉글랜드 시장이 막히자 대량의 싸구려 그레인위스키가 스코틀랜드 센트럴벨트•에 널리 유통되었다. 그에 따라 소비가 급속히 늘어났는데, 특히 경제적으로 어려운 사람들 사이에서는 더욱 그랬다. 반면 하이랜드에서는 알코올 도수가 60도 근방인 보리 맥아 증류주 한 드램◆을 그대로 마시거나, 아니면 약간의 물을 첨가하여 묽게 마시는 것이 보통이었다.

딘 램지■는 18세기 후반 스코틀랜드인의 삶과 특성에 관해 자신의 생각을 밝힌 바 있는데, 저서에서 스코틀랜드 전역의 모든 사회 계층이 음주에 관해 보이는 일반적인 태도를 다음처럼 압축하여 묘사한 바 있다. "이런 게 바로 위스키를 많이 마시면 기품이 더해진다고 생각하는 자

- 글래스고, 에든버러 같은 대도시를 포함한 인구가 밀집된 스코틀랜드 중앙부.
- dram, 파인트의 3분의 1 분량으로 약 156밀리리터.
- Dean Ramsay, 본명은 에드워드 램지로 스코틀랜드 성공회 성직자, 18세기 스코틀랜드의 일상을 그려낸 저서로 유명하다.

들이 보여주는 개념이다. 그들에게 적정량의 위스키를 마시지 못하는 건 천하고 무능하다는 걸 드러내는 것과 같다. 말하기 딱하지만, 하이랜드 족장의 장례식은 무절제하고 치명적인 위스키 소비가 없이는 제대로 치러지지 않은 것으로 여겨진다. 옛 전통에 따라 치러진 지난번 하이랜드의 장례식에서는 여러 조문객이 그런 관습 때문에 희생됐다. 과음으로 죽었다는 뜻이다."

면허료의 극적인 상승

1793년 프랑스에 전쟁을 선포하고 얼마 지나지 않아 로랜드 증류업자가 내야 할 면허료는 3배가 되었고(증류기 용량 1갤런당 9파운드), 1795년에 2배, 1797년에 3배가 올라 1갤런당 면허료는 54파운드가 되었다. 하이랜드에서도 면허료는 1갤런당 1파운드 10실링에서 6파운드 10실링이 되었다.

이런 면허료 상승은 불법 증류를 장려하는 꼴이 되었다. 한 간접세무국 관리는 당시 이런 글을 남겼다. "불법 증류 규모는 세금의 양에 비례한다. 밀주업자의 이익은 증류주에 매겨지는 세금의 양에 정비례한다. 세금이 많이 부과될수록 이익도 커지고 밀주업을 해야겠다는 유혹은 더 강렬해진다. 증류 면허를 받은 합법적인 증류업자는 생산량을 늘리고자 증류주의 품질을 희생하게 되는데, 그렇게 되면 결국 불법 증류업자는 품질과 풍미에서 우월한 위스키를 공급함으로써 시장을 장악하게 된다."

1793년부터 영국 경제는 정부 지출로 활성화되었는데, 1814년 나폴레옹이 패배하며 시장은 다시 흔들리게 되었다. 같은 해 10월, 잉글랜드 증류업자들에게 적용되는 규칙이 하이랜드와 로랜드 증류업자들에게도 적용되었다. 세금은 늘었고, 알코올 도수가 높은 워시를 사용해야 했으며(이렇게 되면 풍미를 포기하고 정류를 할 수밖에 없었다), 하이랜드에서는 500갤런 미만의 워시 스틸, 로랜드에서는 2,000갤런 미만의 워시 스틸 사용이 금지되었다.

이런 조치는 소규모 스코틀랜드 증류소에는 그야말로 재앙이었고, 많은 곳이 문을 닫았다. 1815년과 1816년에 닥친 흉작은 증류업자들을 더욱 곤경으로 몰았고, 1816년에는 하이랜드에 인가 증류소가 열두 곳밖에 남지 않았다. 증류업자, 맥아 판매인, 지주는 스코틀랜드 간접세위원회 의장에게 세금을 줄이고(밀주업자들과 싸우기 위한 수단이었다), 요구하는 증류기 크기를 줄이고(더 많은 증류업자가 면허를 취득하는 걸 권장하는 수단이었다), 알코올 도수가 낮은 워시를 허용(이는 증류주의 품질을 향상하고자 하는 것이었다)할 것을 요구했다.

1816년 제정된 소규모 증류기 법령, 그리고 1818년 제정된 개정 법령은 관계자들의 불만을 처리했지만, 밀주업은 계속 성장 중이었다. 제대하여 고향으로 돌아온 군인 수천 명은 영양실조에 걸려 절망에서 빠져나오지 못했다. 지주들은 혼란이 벌어지는 것을 우려했다. 간접세에 관한 법률이 경멸의 대상이 된다면, 모든 법이 그렇게 될 수 있었다. 1820년 하원에서는 여러 논의가 있었지만 결론이 나지 않았고, 상원에서는 하이랜드에서 가장 넓은 땅을 소유한 사람 중 하나였던 고든 가문의 4대 공작 알렉산더가 1816년과 1818년의 법 조항을 확장 적용하자고 동료 의원들에게 강력하게 촉구했다. 소규모 증류업자들이 훌륭한 위스키를 만들고 판매하여 합리적인 이윤을 추구할 수 있게 하자는 것이었다.

그에 따라 '세입 심리 위원회Inquiry into the Revenue'가 설립되었고, 상무부 부의장인 윌리스 경이 의장을 맡게 되었다. 심의를 거치고 난 뒤 1822년 제정된 불법 증류에 대한 법률은 밀주에 대한 처벌 강도와 소비세 징수관의 권한, 그리고 그런 일을 처벌하는 판사의 권한을 대폭 강화했다. 위원회의 보고서는 다음 해인 1823년에 제정된 간접세에 관한 법률에 포함되었는데, 이 법률은 중대한 의미를 지닌다. 왜냐하면 이 법률이 현대 위스키 산업의 토대가 되었기 때문이다.

모스 교수가 그 중요성을 요약한 바는 다음과 같다. "해당 법률은 슈타인 가문과 헤이그 가문의 대잉글랜드 무역 독점, 그리고 밀주업자의 고품질 위스키 시장 독점을 무너뜨렸다. 하이랜드와 로랜드의 소규모 증류소들은 이제 풍미가 훌륭한 위스키를 만들어 더 낮은 가격에 판매할 수 있게 되었다. 새로운 규정은 증류업자가 작업 방식을 자유롭게 선택하도록 했고, 워시의 알코올 도수 한계도 폭넓게 정했다. 증류기의 크기와 형태, 생산하는 위스키의 품질과 풍미도 증류업자의 재량에 맡겨졌다. 유일하게 업계를 구속하는 것은 시장뿐이었다. 수요가 늘어나면 업계도 팽창하고, 반대로 줄어들면 수축할 것이었다."

인가 증류업자의 수는 1823년 111명에서 1825년에 이르자 263명으로 늘어났다. 대다수는 500갤런 미만 용량 증류기를 소유한 소규모 증류업자였고, 다수가 전직 밀주업자였다. 그들은 지주의 후원과 격려를 받으며 정식으로 사업을 하게 되었지만, 이전 동료들의 항의에 자주 직면하게 되었다(때로 그런 항의는 아주 격렬했다). 인가 증류업자가 최대로 증류할 수 있는 증류주의 양은 1823년엔 3백만 갤런이었지만, 1828년이 되자 1천만 갤런을 약간 상회하게 되었다.

숙성하면 유익하다는 사실은 이미 알려졌지만, 위스키는 주로 '증류기에서 나오자마자' 소비되었고, 그래서 풍미가 고르지 못했다. 스코틀랜드에서 유의미한 수요 성장은 없었지만 아일랜드, 잉글랜드, 그 외 여러 다른 나라로 수출하는 양이 늘었다. 하지만 그렇다고 해도 늘어난 생산 수준을 유지할 정도로 수요가 충분하지는 않았다. 고작 몇 년이 지났을 뿐이었지만 새로 과감하게 사업을 진행한 다수가 실패했다. 하지만 새로운 법률은 밀주에 관련해서는 바라던 결과를 얻었다. 에든버러 간접세무국 관리인 조지 포프는 1825년에 로랜드에서 밀주는 거의 사라졌다고 보고서에 기록했다. 하지만 전통주의자들은 의심을 거두지 않았다. 1830년 스코틀랜드 지역신문 『인버네스 쿠리어Inverness Courier』에 익명으로 기고한 어떤 사람은 하이랜드에서 밀주가 아직 근절되지 않았으며, 밀주업자가 판매하는 위스키가 커다란 증류기를 사용하는 인가 증류업자의 위스키보다 모든 면에서 유익하고 훌륭한 풍미를 지녔기에 훨씬 낫다고 했다.

1828년에는 첫 연속식 증류기가 파이프에 있는 존 헤이그의 캐머런브리지 증류소Cameronbridge Distillery에 설치되어 시험 가동되었다. 이 증류기는 킬배기 증류소Kilbagie Distillery를 소유한 친척 로버트 슈타인이 발명한 것이었다. 앤드루 슈타인이 소유한 커크리스턴 증류소Kirkliston Distillery에 또 다른 연속식 증류기가 설치되었지만, 이 증류기들이 생산에 들어가기도 전에 혼합된 곡물에서 위스키를 생산할 수 있는 발전된 연속식 증류기가 발명되어 특허를 받았다. 이 증류기는 전직 더블린 소비세 감찰관 이니애스 코피의 작품이었다. 그의 증류기는 1834년 처음으로 그레인지Grange Distillery라는 스코틀랜드 증류소에 설치되었다. 이 증류소는 알로아에 있었는데, 로버트 슈타인의 친척인 앤드루 필립이 소유하고 있었다.

연속식 증류기는 비쌌지만, 결과물은 순수하고, 담백하고, 94~96도의 높은 알코올 도수를 지닌 데다 이전에 빠르게 증류했던 증류주보다 훨씬 입에도 맞았다. 게다가 생산 비용이 저렴해서 정류하여 진으로 만들기에도 이상적이었다. 연속식 증류기는 이내 로랜드의 여러 그레인위스키 증류업자들에게 채택되었다.

술을 갈망하던 대중은 1830년대 중반까지 엄청나게 늘어난 생산량을 소화했다. 추정에 따르면 1830년대에는 15세 이상 인구는 평균적으로 과

세된 위스키를 매주 한 파인트에 살짝 못 미치게 마셨다고 한다. 그러다 '40년대 대기근'이 찾아왔다. 흉작도 이런 흉작이 없었고, 굶주림과 궁핍함은 아주 흔한 일이었다. 콜레라와 발진티푸스는 만연한 질병이었다. 위스키 소비는 1836년과 1843년 사이에 1백만 갤런이 줄어들었고, 인가 증류소의 수는 230곳에서 169곳으로 감소했다.

1837년 빅토리아 여왕이 왕좌에 오르고 서서히 사회적인 분위기가 변했다. 중산층과 장인 계층은 점점 위스키를 좋지 않은 것으로 여겼다.

확산되기 시작한 절제 운동은 정부의 생각에도 영향을 미쳤다. 1853년에 제정된 '포브스-머켄지 법Forbes-Mackenzie Act'은 선술집의 폐점 시간을 평일엔 오후 11시로 규정하고, 일요일은 종일 폐점하게 했다. 이 법은 경찰에게 인가받지 않은 은신처에서 음주하는 걸 단속할 권한을 부여했고, 술을 판매할 수 있는 가게와 그렇지 않은 가게를 면허를 통해 분리했다. 이 법은 또한 세금을 내기 전에 몰트위스키를 혼합하는 걸 허용하기도 했다.

마지막은 실로 중대한 조치였다. 숙성 연수와 생산한 증류소가 서로 다른 위스키를 임의로 섞는 건 와인과 증류주를 판매하는 상인들 사이에서 오랫동안 행해온 일이었다. 이렇게 하는 주된 이유는 비용 절감이었다. 이제 그들은 합리적인 가격에 일관된 풍미를 보여주는 양질의 위스키를 생산할 수 있게 되었다. 그들은 또한 만들어낸 결과물을 브랜드로 구축할 수 있게 되었다. 일관성이 없으면 브랜드를 만들 수 없다.

블렌디드 스카치위스키의 탄생

이런 기회를 처음으로 잡은 건 스미스 글렌리벳의 에든버러 중개상이었던 앤드루 어셔 앤 컴퍼니Andrew Usher & Company였는데, 이들은 1853년 어셔스 올드 배티드 글렌리벳을 출시했다. 1860년 글래드스턴*의 증류주 법이 제정되어 보세 상태인 싱글 몰트위스키와 그레인위스키를 섞는 게 허용되자 다른 회사들도 곧 앤드루 어셔 앤 컴퍼니와 똑같은 움직임을 보였다. 이 법 덕분에 오늘날 우리가 알고 있는 블렌디드 스카치위스키가 탄생하게 되었다.

블렌디드 스카치는 두 가지 장점이 있다. 풍미 자체가 폭넓은 대중성을 갖게끔 설계되었으며, 이게 배치마다 반복되기에 매번 출시될 때마다 풍미가 한결같아서 소비자는 그것이 어떤 물건인지 알 수 있다. 싱글 몰트위스키는 출시될 때마다 풍미가 일정하지 않았고, 스코틀랜드인이 아닌 사람에게 지나치게 자극적이어서 악명이 높았다. 싱글 그레인위스키는 특징이 없고 입 안이 타는 것 같다는 평이 있었다. 두 위스키를 섞으면 통과 숙성 연수의 차이가 사라졌고, 몰트위스키의 충격적인 풍미는 완화되었으며, 그레인위스키에는 풍미가 부여되었다. 이미 1864년에 찰스 토비가 자신의 책『영국과 해외의 증류주』에서 이런 언급을 했을 정도다. "위스키 소비자, 특히 스코틀랜드 위스키 소비자 사이에서는 한 가지 종류의 위스키보다 여러 종류의 위스키를 섞는 게 훨씬 우수하다는 개념이 일반적이다."

이후 몰트와 그레인위스키 증류업자의 운명은 둘을 섞는 블렌딩 하우스에 달리게 되었다. 실제로 두 위스키를 섞어 제품을 완성하는 블렌더가 증류업자들의(때로는 유일한) 핵심 고객이 되었고, 그들의 요청에 맞춰서 생산이 되기도 했다. 싱글 몰트는 심지어 런던에서도 계속 높이 평가받았다.『더 와인 트레이드 리뷰The Wine Trade Review』1871년 1월호는 대량으로 운송된 여러 싱글 몰트의 목록을 작성했는데, 여기엔 글렌리벳, 글렌 그란트, 라프로익, 아버로워가 포함되었다. 이런 싱글 몰트는 오크통에 담긴 그대로 판매되었고, 증류주 상인이나 개인 고객이 병입했다. 하지만 점차 블렌

• William Ewart Gladstone, 영국의 정치가.

디드 위스키에 사용되는 비율이 더 늘어나게 되었다.

몇몇 싱글 몰트 증류업자는 이런 상황에 분개했고, 1901년 열린 패티슨 형제 재판에서 그들이 판매한 일부 '싱글 몰트' 위스키가 실제로는 몰트 위스키가 소량 첨가된 블렌디드 위스키였다는 사실이 드러나자 북부 스코틀랜드 싱글몰트증류업자협회는 '위스키'라는 명칭을 싱글 몰트위스키에만 쓸 수 있도록 해야 한다고 주장하며 언론 캠페인을 시작했다.

1905년 이즐링턴 자치구 의회는 90%가 그레인위스키로 구성된 블렌디드 위스키를 '파인 올드 스카치위스키Fine Old Scotch Whisky'로 판매한 두 명의 증류주 상인을 고소했다. 심리를 맡은 판사는 단식 증류기에서 증류되어야만 '스카치위스키'로 불릴 수 있다고 판결했다. 이에 블렌더들과 연속식 증류기를 사용하는 그레인위스키 증류업자들은 경악했고, 판결에 항의하며 정부에 이 문제를 처리해달라고 탄원을 했다.

왕립위원회는 이에 '위스키와 기타 음용에 적합한 증류주 위원회'를 조직했고, 이후 37번을 개회하여 116명의 참고인에게서 의견을 들었다. 그리고 마침내 그들은 다음과 같은 결론을 내렸다. "위스키는 맥아의 녹말 당화 효소에 의해 당화된 곡물의 매시•를 증류하여 얻은 증류주이다. '스카치위스키'는 스코틀랜드에서 위와 같은 정의에 맞게 만든 위스키이다. 당 위원회는 증류기 형태가 생산된 증류주의 유익함에 어떤 필연적인 관련이 있다는 걸 보여주는 증거를 받은 적이 없다."

심리 중에 몇몇 싱글 몰트 증류업자는 블렌디드 위스키에 싱글 몰트위스키가 최소 50%는 포함되어야 '스카치'라는 명칭을 붙일 수 있으며, 모든 위스키는 판매되기 전 2년은 숙성해야 한다고 강력하게 주장했지만, 위원회는 이 문제를 회피했다. 하지만 숙성에 관한 주장은 1915년 제정된 '미완

• Mash, 엿기름에 뜨거운 물을 부어 서로 섞여 있는 액체 상태.

찰스 머클레인

성 증류주 법Immature Spirits Act'에 반영되었고, 1916년엔 3년으로 늘어났다.

이런 법의 시행과 동시에 군수장관 데이비드 로이드 조지는 주류 판매와 유통을 관할하는 중앙통제위원회를 설립하여 광범위한 권한을 바탕으로 적당하다고 생각되는 수준까지 주류 소비를 제한했다. 로이드 조지는 술을 입에도 대지 않는 사람이었고, 그래서 전쟁 기간 동안 모든 주류의 판매를 금지하고 싶어 했다. 위원회가 도입한 많은 조치 중 가장 심각했던 건 1917년 4월에 시행한 것이었는데, 증류주의 알코올 도수가 40도를 넘어서는 안 되며, 37.2도보다 낮아서는 안 된다는 내용이었다.

이런 조치가 있기 전까지 판매하는 증류주의 최소 알코올 도수는 42도로 고정되었지만, 실제로는 대다수 증류주가 50도 부근에서 병입되었다. 더 희석하면 위스키가 뿌옇게 변하는 경향이 있었기 때문이었다. 당시 사람들은 냉각 여과를 몰랐다. 무역에 종사하는 사람들이나 위스키 업계나 중앙통제위원회의 조치를 달가워하지 않았다. 와인과 증류주 브랜드협회는 위원회에 제안서를 보내며 다음과 같이 지적했다. "규정된 정도까지 강제적으로 술을 희석해야 한다면 독특한 특징이 있는 고품질 브랜드는 사라질 수밖에 없고, 실질적으로 모든 브랜드가 평범한 수준으로 떨어지게 됩니다. 그렇게 되면 명백히 품질보다 저렴함을 목표로 삼은 자들에게 이익이 돌아갈 수밖에 없습니다." 하지만 이런 지적에도 위원회는 전혀 귀를 기울이지 않았다. 판매용 위스키는 최소 알코올 도수가 40도로 유지되었고, 그러는 사이 1988년 제정된 스카치위스키 법률에 의해 최대 알코올 도수는 94.8도로 규정되었다. 이 법률은 1909년에 내린 스카치위스키의 정의를 확장하는 중요한 것이었다. 내용은 다음과 같다.

- 물과 보리 맥아(다른 곡물의 전곡全穀이 첨가될 수 있다)로 스코틀랜드에 있는 증류소에서 생산되어야 한다. 곡물에 포함된 효소만을 활용하여 증류소에서

매싱*해야 하고, 효모로만 발효해야 한다.

- 94.8도 이하의 알코올 도수로 증류되어야 한다. 이는 증류액이 생산 과정 중 원료에 기인한 향과 맛을 갖게 하기 위함이다.

- 스코틀랜드에 있는 보세 창고에서 최소 3년을 숙성하되, 700리터 이하 용량의 오크통에서 숙성되어야 한다(오크통은 늘 가장 바람직한 통으로 여겨졌지만, 1988년 이전에는 다른 나무로 만든 통을 쓰는 것도 허용되었다).

- 물과 스피릿 캐러멜 외에는 어떤 것도 첨가되어서는 안 된다(이 조항이 생기기 전에는 엄청나게 단맛을 지닌 셰리 와인의 파생물인 '파하레테'가 흔히 위스키의 색을 내는 데 사용되었다. 브랜디나 자두 주스 같은 다른 첨가물도 마찬가지로 합법적이었던 것으로 보인다. 1989년 유럽공동체 규정에서는 구체적으로 스카치위스키에 '가당하거나 인위적으로 풍미를 더해서는 안 된다'고 했다).

- 스카치위스키 이외에 다른 위스키를 스코틀랜드에서 만들 수 없다(19세기 말에 스코틀랜드의 여러 증류소가 '아이리시 위스키'를 생산했다. 또한 '위스키, 스코틀랜드 생산품'이라는 혼란스러운 카테고리도 있었다).

2009년에는 1988년 제정된 법률이 스카치위스키 규정에 의해 갱신되고 대체되었다. 이 규정은 생산뿐만 아니라 레이블 디자인, 포장, 광고까지 아울렀는데, 이는 스카치위스키의 '지리적 표시제♦'를 보호하기 위함이었다. 위의 조항에 더해 추가된 조항은 다음과 같다.

- 스카치위스키의 다섯 카테고리가 싱글 몰트, 싱글 그레인, 블렌디드 위스키,

- Mashing, 엿기름에 뜨거운 물을 부어 천연 효소로 하여금 전분을 당으로 바꾸게 해 맥즙을 추출하는 과정.
♦ 상품의 품질, 명성, 특성 등이 근본적으로 해당 지역에서 비롯되는 경우 지역의 생산품임을 증명하고 표시하는 제도이다.

찰스 머클레인

블렌디드 몰트(이전까지는 '배티드'라고 불렸다), 블렌디드 그레인으로 규정되었다. 이 카테고리명은 반드시 병의 레이블에 표시되어야 한다(이는 '소비자의 명확한 이해를 돕고자' 시행되었고, 지리적 표시제의 보호를 받기 위한 목적도 있었지만, 많은 사람이 다양한 '블렌디드' 카테고리가 옛 '배티드'라는 명칭보다 더 혼란스럽다고 여겼다. '퓨어 몰트'나 '스트레이트 몰트' 같은 용어는 금지되었다).

- 카테고리 이름에 더해 5개의 지역명도 하이랜드, 로랜드, 스페이사이드, 캠벨타운, 아일라로 규정되었다. 해당 지역명을 지닌 위스키는 반드시 그 지역 안에서만 전적으로 완성되어야 한다(이 지역들은 19세기부터 블렌더들의 인지 대상이었다).

- 해당 증류소에서 생산된 것이 아니라면 어떤 위스키도 해당 증류소 명칭을 레이블에 적을 수 없다. 어떤 싱글 몰트라도 실제로 생산된 증류소가 아닌 다른 증류소에서 만들어졌다는 식으로 포장하거나 홍보할 수 없다.

- 스카치위스키가 아닌 어떤 위스키도 오해의 소지를 불러일으킬 수 있는 브랜드 이름을 쓸 수 없다.

- 스카치위스키를 대량으로 수출하는 건 허용되지만(다만 오크통에 담긴 채로는 허용되지 않는다), 싱글 몰트는 반드시 스코틀랜드에서 병입되어야 한다.

스카치위스키는 현재 가장 엄중하게 규정된 증류주이다. 몇몇은 규정이 너무 빡빡해서 혁신을 저해하는 것은 물론 엄격한 규정 하에 있지 않은 비非스카치위스키와의 경쟁을 힘들게 한다고 주장할지도 모른다. 꿀이나 메이플 시럽으로 풍미를 더한 버번위스키가 인기 있는 걸 생각하면 당연히 할 만한 주장이다.

하지만 법적인 틀은 스카치위스키의 명성, 품질, 진정성, 고유성을 보호하고, 모조품에 대응하는 스카치위스키협회를 지원하기 위함이다. 스카

치위스키의 고급스러운 특성이 모조품에 특히 취약하다는 걸 생각하면 더
더욱 그렇다.

(2018)

　　　　　　　　　　　　　　　　　　　　　　　　　찰스 머클레인

개빈 D 스미스

빛나는 구리 단식 증류기는
파고다 지붕과 함께 몰트위스키 증류소에서
가장 눈에 띄는 특징이다.
구리 평판(평평한 판)으로 만든 증류기는
고된 노동과 세월을 따라 쌓아온
경험의 산물이다.
증류기야말로 증류기 제작자의 자긍심이다.

알코올 증류는 11세기에 처음 발달된 것으로 생각된다. 물을 통한 냉각은 이후 5세기는 지나야 나타나는 모습이었다. 차가운 물이 증류를 통해 발생한 증기를 효율적으로 응축할 수 있다는 발견이 알려지자 증류기 형태는 오늘날 우리가 인식하는 모습, 그러니까 목과 머리 부분, 그리고 라인 암*을 달고 냉각수가 담긴 웜 텁◆으로 이어지는 지극히 단순한 서양배 모양의 용기로 변모하기 시작했다.

3대 구리 세공인 리처드 포사이드는 초기 증류기에 관해 이렇게 말했다. "간접세무국 관리가 불법 증류 단속을 나오면 들고 운반할 수 있을 정도로 작았죠. 그런 증류기는 근본적으로 원뿔 모양의 구리로 된 어깨 부분, 그리고 웜▪을 담을 구리 튜브가 있는 빈 깡통이었습니다. 우리가 오늘날 보는 증류기 형태는 거기서부터 발전한 거죠."

"단식 증류기와 웜을 만들 때 가장 먼저 사용된 게 구리입니다. 연하고, 잘 휘어지고, 둥글게 만들 수 있었기 때문이죠. 구리가 훌륭한 열전도체이고, 바람직하지 않은 황화물을 증류액에서 제거할 수 있다는 점을 초기 증류업자들은 몰랐을 겁니다. 저는 이를 거의 확신합니다. 구리는 깨끗한 증류액을 만들 수 있는데, 이건 스테인리스 스틸은 할 수 없는 겁니다."

포사이드를 단순히 '구리 세공인'이라고만 하면 그와 그의 업적을 다소 얕잡아 보는 것이다. 유한회사 포사이드Forsyths Ltd의 회장인 그는 380명 정도 되는 노동자를 통솔한다. 그의 회사는 여러 대륙의 수십 개 나라에서 증류소가 문을 열 수 있게 했다. 또한 증류기 설계와 건설로만 보면 세계에서 가장 명성이 높은 회사이기도 하다.

- lyne arm, 증류기의 증기를 냉각기로 보내는 관.
- ◆ Worm Tub, 워시 스틸에서 나온 로 와인이나 스피릿 스틸에서 나온 알코올 증기를 식히는 전통적인 방식. 웜 텁은 웜이 큰 통(대개 외부에 있다) 안에 있는 구조를 하고 있다. 통에는 물이 들어가 파이프 내부의 로 와인이나 알코올 증기를 식힌다.
- ▪ Worm, 웜 텁 내부의 나선형 구리 파이프.

개빈 D 스미스

포사이드 제국은 로시스Rothes라는 작은 스페이사이드 도시를 근거지로 두고 있는데, 이 로시스는 글렌 그란트·스페이번·글렌 스페이·글렌로시스 증류소의 고향이기도 하다. 이 로시스의 구리 세공업자가 활동을 한 게 처음으로 기록에 등장하는 때는 1850년대이다. 합법적인 위스키 증류가 1823년 제정된 간접세에 관한 법률로 인해 상당히 늘어났고, 그래서 그런 사업이 가능했다.

"처음 생겨난 회사는 베일리라는 사람이 소유주였죠." 리처드 포사이드가 말했다. "그런데 센트럴 벨트에서 온 로버트 윌리슨이라는, 더 큰 규모로 사업하는 사람이 있었어요. 그 사람이 베일리의 회사를 사들였어요. 그때가 1880년이었는데 제 할아버지인 알렉산더가 1890년대 초에 윌리슨의 회사에서 일하기 시작하셨죠. 할아버지는 로시스는 물론 윌리슨이 가진 다른 곳에 있는 업장에서도 일하셨어요. 스코틀랜드 중앙부의 앨로아Alloa에서도, 잉글랜드 북동쪽에 있는 위어 강에 있는 선덜랜드Sunderland에서도 일하셨죠. 선덜랜드에서는 배에 들어갈 구리 배관을 만들었어요."

"앨로아와 선덜랜드에서 경력을 쌓은 할아버지는 로시스로 돌아와 작업 관리자로 일하셨죠. 윌리슨은 은퇴하면서 세 업장의 작업 관리자들에게 사업을 각각 매각했는데, 그렇게 할아버지가 1933년 로시스의 업장을 인수하고 유한회사 A 포사이드 앤 선A Forsyth & Son Ltd을 창립하셨죠. 앨로아에 있던 업장은 애버크롬비Abercrombie's가 되었는데, 지금은 디아지오가 소유하고 있어요."

제2차 세계대전은 실질적으로 모든 스코틀랜드 증류소의 문을 닫게 했고, 그래서 포사이드 사는 힘든 시기를 보냈다. 하지만 전쟁이 끝난 뒤, 리처드의 아버지인 어니스트가 회사에 합류한 뒤 1950년대부터 1970년대까지의 스카치위스키 붐으로 포사이드 사는 크게 성장했다. "아버지는 전기기계기술부에서 근무하셨는데, 그곳에서 용접을 배우셨죠. 증류기 건설에서 용접은 리벳 체결riveting을 대체했습니다." 리처드 포사이드가 과거를 회상하며 말했다.

리처드는 열세 살 정도 되었을 때 때때로 아버지의 작업장에서 일하기 시작했다. 이내 그는 가업을 잇기로 결심했다. 1970년대 중반, 그는 회사를 운영 중이었다. 늘 그랬던 것처럼 그의 회사는 스카치위스키 업계와 활발한 거래를 이어나갔다. 하지만 호황이 끝나자 스카치위스키 시장은 과잉 공급으로 인해 1980년대 초반부터 중반까지 위축되었다. 회사가 살아남고 번창하려면 사업 다각화는 필수적이었다.

"우리는 제지 공장 일에 관여하게 되었고, 주요한 엔지니어링과 제도 사업으로 명성을 쌓았습니다." 리처드 포사이드가 설명했다. "1990년대엔 이상적으로 석유와 가스 산업에 자리 잡았습니다. 2005년에서 2006년 정도엔 석유와 가스, 위스키 관련 사업이 모두 아주 잘됐습니다. 그만큼 우리도 많이 성장했죠. 그때 머리 만Moray Firth 연안 버키 항구의 땅을 사들이기도 했습니다. 석유와 가스 사업에 맞게 발전시키려고요."

그러는 동안 로시스에서 포사이드 사는 2010년 시바스 브라더스Chivas Brothers에게서 가동하지 않던 카파도닉 증류소Caperdonich Distillery를 인수하고, 부지에 있는 건물들을 모두 철거했다. 이는 인접 지역으로 회사를 확장하기 위한 조치였다. 회사는 1974년부터 현재의 로시스 부지를 계속 근거지로 삼고 있었고, 여기에 있는 본사와 제조 시설에서 리처드와 그의 아들 리처드 E 포사이드(상무이사를 맡고 있다)는 사업을 운영한다.

지난 몇 년 동안 북해에서 석유와 가스 사업은 침체를 겪었지만, 다행히 세계적으로 스카치위스키 수요는 늘어났고, 또 새로운 증류 벤처 사업에 증류기를 제공할 일도 늘어났다.

리처드 포사이드는 이와 관련하여 이렇게 말했다. "몇 년 전엔 일거리를 따지자면 석유와 가스가 70, 증류업이 30 정도였습니다. 하지만 지금은

개빈 D 스미스

증류업이 70, 석유와 가스가 30에 점점 가까워지고 있습니다. 제지 사업은 하지 않고 있습니다. 지난 7~8년 동안 위스키 관련 활동은 3~4배 늘었습니다. 스코틀랜드뿐만이 아닙니다. 전 세계적으로요."

대만 카발란 증류소Kavalan Distillery는 포사이드 팀과 중요한 계획을 꾸준히 체결하고 있다. 관련하여 리처드 포사이드는 이렇게 말했다. "아일랜드 코크에 있는 미들턴 증류소가 의뢰해서 단식 증류기를 3개 만든 적이 있는데, 각각 용량이 8만 리터였습니다. 만든 것 중에 가장 큰 증류기였죠."

고향 이야기를 해보면, 스코틀랜드 신생 증류소 중 다수가 포사이드 사의 손을 거쳐 탄생했다. 여기엔 울프번·애넌데일·킹스반스·린도어스 애비·발린다록이 포함된다. 스페이사이드는 현재 포사이드 사의 대규모 사업 3개가 진행되는 곳이다. 글렌리벳, 글렌피딕, 맥캘란은 전부 잠재적인 생산량 측면에서 서로를 능가하고자 온갖 애를 쓰고 있다.

글렌리벳은 현재 기존 시설 옆에 완전히 새로운 증류소를 짓는 중이다. 궁극적으로는 현재 생산량인 1,050만 리터에서 3,000만 리터를 넘는, 그야말로 3배가 넘는 생산량을 갖추고자 한다는 이야기가 있다. 그러는 동안 글렌피딕의 두 번째 증류소는 총 2,000만 리터의 생산량을 확보하는 데 힘쓸 것이다.

그중에서도 가장 인상적인 건 현재 진행 중인 기존 시설 옆에 지어질 완전히 새로운 맥캘란의 두 번째 증류소이다•. 포사이드 사는 증류소 건설 과정에서 주요 계약자 역할을 수행하는 중이다. "계약 규모는 총 3천만 파운드입니다." 리처드 포사이드가 말했다. "스카치위스키 업계에서는 가장 규모가 큰 건설 계획이죠. 36개의 증류기를 만들어야 하니까요."

• 옮긴이 주: 두 번째 증류소는 2018년 6월에 개장했다.

평판에서 단식 증류기까지

말로만 '81개의 테킬라 증류기', '36개의 맥캘란 단식 증류기'를 거론하는 건 쉽다. 하지만 포사이드 사는 어떻게 구리 평판을 곡선미가 있고, 시각적으로도 보기 좋고, 게다가 효율까지 높은 증류기로 탈바꿈했을까?

구리 세공인이 힘든 일을 능숙하게 해낼 수 있는 정도가 되려면 4년 동안 도제 생활을 해야 한다. 위스키 관련 업무엔 50명 정도의 직원이 배정된다. 어느 때든 20%는 도제이며, 앞으로도 그럴 것이다.

"평판은 과거 동독이었던 지역의 어떤 구리 공장에서 사옵니다." 리처드 포사이드가 설명했다. "실제로 증류기는 구리 원뿔로 만들어집니다. 평판 절단은 예전엔 손에 절단기를 들고 하곤 했는데, 이젠 워터 제트●로 잘라내죠. 정확하고 아주 깔끔합니다. 설계는 전부 컴퓨터로 한 다음에 절삭기로 보냅니다. 예전엔 바닥에 구리 평판을 놓고 죄다 평판에 자를 곳을 표시하곤 했었죠."

"우리는 잘린 부분들을 가져와서 잘라내고 형태를 잡은 뒤 용접합니다. 그런 다음 망치로 구리를 두들기는데, 강도를 되찾아 단단한 상태로 만들기 위해서죠. 구리를 편평하게 만드는 데 쓰이는 기계 망치는 6개가 있습니다. 덕분에 노동할 거리가 어느 정도 줄어들죠. 하지만 커다란 증류기 어깨 부분에 있는 판을 처리하는 건 여전히 몸을 써야 하는 일이죠. 정말 젊은 사람이 해야 할 일입니다."

"스완 넥◆은 전적으로 사람 손으로 형태를 잡습니다. 사람이 직접 편평하게 만들고요. 기계 망치가 처리할 수 없는 힘든 형태를 하고 있으니 어쩔 수 없습니다. 증류기 형태와 크기 측면에서는 모든 게 올바르게 보여야

● water jet, 물 분사 절단.
◆ swan neck, 증기가 솟구치는 증류기의 목 부분.

하고, 심미적으로도 만족스러워야 합니다. 매력적인 여자를 보는 것과 같은 일이죠. 굴곡은 반드시 있어야 할 곳에 있어야 합니다."

심미적인 부분은 차치하고, 증류기의 크기와 형태는 증류액의 특성에 어떤 영향을 미칠까? 화학적 분석과 컨설팅을 하는 유한회사 태틀락 앤 톰슨Tatlock & Thomson Ltd의 해리 리프킨 박사는 이렇게 말한다. "위스키는 스피릿 스틸이 아니라 워시 스틸에서 만들어집니다. 품질의 비결은 바로 워시 스틸 설계에 있습니다. 증류액의 특징은 워시 스틸의 형태와 냉각기가 어떻게 작동되는지에 달려 있습니다. 증류기를 빠르게 운영하면 냉각기가 더 빠르게 뜨거워집니다. 환류는 줄어들 것이고, 그러면 증류액 품질에 영향이 갑니다. 스피릿 스틸에서 환류가 많이 일어나길 바란다면 그걸 결정하는 요소는 여러 가지죠. 머리 부분의 높이, 라인 암의 방향, 퓨리파이어(정화 장치)의 조정 상태 등이 그런 요소에 포함됩니다."

리처드 포사이드는 이렇게 말했다. "증류액의 특성에 영향을 주는 부분은 머리와 목 부분입니다. 거기서 환류가 일어나니까요. 예를 들면 글렌모렌지의 증류기는 무척 높습니다. 그래서 가벼운 바디의 증류액을 생산하죠. 맥캘란의 증류기는 작고 땅딸막해서 무거운 바디의 증류액을 만듭니다. 하지만 효모, 맥아, 발효 시간 역시 아주 중요합니다. 증류기 크기는 주된 요소가 아니며, 형태는 상황에 따른 문제일 뿐입니다. 발효 시간은 50시간에서 많게는 120시간 이상이기도 한데, 명백히 최종적인 증류액 특성에 영향을 미치는 요소입니다. 증류액의 증류를 받아내는 지점을 어디로 설정하는지와 마찬가지로 중요한 문제죠."

포사이드는 증류업계의 두 가지 주된 변화, 즉 셸 앤 튜브 냉각기●를

● shell and tube condensers, '셸'이라 불리는 커다란 용기 안에 약 100여 개의 구리관이 연결된 장치. 셸 안에는 냉각수가 들어 있으며, 증기는 구리관을 거쳐 새로운 증류 원액으로 변한다. 보통 증류기와 수직으로 연결하지만, 수평으로 연결한 경우도 있다. 제2차 세계대전 이후 업계 표준이 되었다.

도입하고 증류기 가열 방식을 '직접 가열'에서 '간접 가열'로 변경한 걸 강조했다. "웜 텁 안의 냉각용 웜은 제2차 세계대전이 끝난 뒤에도 모든 증류소가 사용했죠." 그가 말했다. "셸 앤 튜브 냉각기에서는 증기가 아주 심하게 구리와 접촉하게 됩니다. 웜보다 훨씬 효율적이고 공간도 덜 차지하죠."

증류기 가열과 관련하여 그는 다음과 같이 언급했다. "석탄 가열을 하던 때에 불은 그 온도가 1,000도까지 올라갔죠. 그래서 증류기 밑바닥도 두꺼워야 했고, 연통판도 열을 잘 견디게 만들어야 했습니다. 사실상 불에 얹혀 있는 것이었으니까요. 당시 밑바닥은 두께가 16mm였고, 연통을 만드는 구리 평판은 두께가 12mm였습니다. 증류기를 증기로 가열하게 되면서 저 둘의 두께는 6mm로 줄어들었죠."

"워시 스틸은 7%의 고체를 포함합니다. 따라서 직접 가열 상황에서는 그런 고체들이 움직이게 됩니다. 냄비 안에 있는 포리지처럼요. 러머저가 장착된 증류기는 가격이 고가일 뿐더러 유지 비용도 비쌉니다."

여기서 중요한 질문은 당연히 직접 가열에서 간접 가열로 변경한 조치가 증류액의 특징에 영향을 주는지 여부이다. 이에 관해선 의견이 갈리지만, 리처드 포사이드는 다음처럼 답했다. "직접 가열에서 벗어나기 전에 글렌 그란트와 글렌리벳 같은 증류소는 증류기 한 세트를 증기로 가열하는 실험을 했습니다. 전반적으로 볼 때 제 생각으로는 미미한 특징 차이는 있지만, 상황을 완전히 바꿔놓을 정도는 아니었다는 분위기였던 것 같아요."

"석유나 가스를 연료로 쓰는 증기는 무척 효율적입니다. 특히 가스는 가장 저렴하고 깨끗하죠. 증기로 가열 방식을 바꾸는 건 경제적으로도 이치에 맞습니다. 모든 증류소는 경제성을 확보하고자 경쟁에 열을 올립니다. 오늘날 스페이사이드에서는 글렌파클라스Glenfarclas Distillery와 글렌피딕만 직접 가열 방식으로 증류기를 데우고 있습니다. 물론 그것도 석탄이 아닌 가스로요."

개빈 D 스미스

그는 설명을 계속 이어나갔다. "맨 처음엔 구리 고리를 통해 증기 가열이 이루어졌고, 그다음엔 스테인리스 고리가, 그다음엔 냄비가 나타났습니다. 냄비는 효율적인 퍼컬레이터*였습니다. 하지만 지금은 라디에이터 방식의 체계를 증기 가열에 활용하고 있습니다."

"또한 지금은 플레이트형 열 교환기를 통해 외부적인 가열을 하기도 합니다. 청소하기 쉽거든요. 우리가 새로운 맥캘란 증류소에 설치한 새로운 워시 스틸은 전부 외부적으로 가열됩니다. 하지만 스피릿 스틸은 내부적으로 가열되죠. 이유가 있습니다. 스피릿 스틸은 1년에 두 번만 청소하면 됩니다. 하지만 워시 스틸은 매주 한 번은 청소해야 해요. 앞서 말했듯이 고체 함유량이 7%이기 때문입니다."

에너지를 절약할 새로운 기술

비교적 최근 증류기에 적용된 혁신은 '열 증기 재압축thermo-vapour recompression' 기술이다. 시바스 브라더스 산하 14개 싱글몰트증류소는 줄여서 흔히 'TVR'이라고 하는 이 기술을 전부 활용하고 있다.

리처드 포사이드는 TVR에 관해 다음과 같이 설명했다. "근본적으로 냉각기 설계는 평균보다 더 뜨거운 물을 생산하도록 변경되었습니다. 45~60도가 아닌 80도 이상의 물을 빼내도록이요. 뜨거운 물은 빠져나와 열 압축기를 지나고, 여기서 증기가 생겨나 증류기로 보내집니다."

"TVR 기술을 적용하면 연료를 30%까지 절약할 수 있습니다. 하지만 물이 훨씬 뜨거우니 냉각기 수명이 줄어드는 경향이 있어요. 8~10년 쓸 수

• percolators, 여과 장치가 달려 있는 끓이는 기구.

있는 걸 6~7년 쓰게 된다는 거죠. 우리 회사는 TVR 적용 증류기를 10년 정도 생산해왔습니다. 시바스 브라더스 산하 증류소들은 물론 글렌피딕도 해당 증류기를 사용하고 있죠."

증류 과정 전산화는 몇십 년 동안 진행 중이고, 점점 더 그 비중이 늘어나고 있다. 리처드 포사이드는 관련하여 이렇게 말했다. "어떤 증류기엔 환류를 통제하려고 증류액이 지나치게 치솟는 걸 방지하는 장치도 달려 있습니다. 증류기엔 여전히 '검사 유리창'이 달려 있지만, 사실 증류액 상태를 점검하는 용도는 아닙니다. 증류기 내부에 설치된 장치가 자동으로 증류액을 억제하니까요."

"비슷하게 스피릿 세이프도 때로는 장식에 불과할 때가 있습니다. 밀도계가 알코올 도수와 온도를 측정할 수 있어요. 이전이라면 스피릿 스틸 안에서 손수 해야 하는 일이었습니다. 증류업자들은 확실한 일관성을 바라는데, 지금처럼 일관성이 지속되는 때는 없었습니다."

증류소 장비에 관한 한, 영국 내부에서 포사이드 사의 주요 경쟁자는 디아지오가 소유한 애버크롬비, 그리고 에든버러와 가까운 프레스톤팬즈를 근거지로 삼고 있는 유한회사 맥밀런McMillan Ltd인데, 이 회사는 그 역사가 1867년까지 거슬러 올라간다. 스코틀랜드 증류소 대다수가 이 세 회사에서 장비를 갖추지만, 늘어나고 있는 신생 증류 벤처 기업들은 해외에서 장비를 공수하기도 한다.

예를 들어 던디와 애버딘 사이 동쪽 해안에 있는 아비키 증류소Arbikie Distillery나 글래스고 증류소Glasgow Distillery는 독일 제작자 크리스티안 카를 사가 생산한 증류기를 사용하고 있다. 이 회사는 1869년 설립되었으며, 슈투트가르트 인근에 본사를 둔 독립 회사이다.

증류소 컨설턴트이자 글래스고 증류소의 전 마스터 디스틸러 잭 메이요는 관련하여 이런 언급을 남겼다. "주요한 차이를 말하자면 카를 사의 증류기는 증기 코일•보다 증기 재킷◆을 갖추고 있어 훨씬 낮은 온도로 작동한다는 거죠." 이렇게 되면 워시를 증류하는 동안 '더욱 깔끔한' 증류액을 생산할 수 있다고 한다.

해리 리프킨도 다음과 같이 말했다. "카를 사 같은 곳에서 들여온 몇 몇 새로운 증류기는 원통형인 경향이 있는데, 직접 가열 방식에 맞춰 설계된, 오늘날까지 이어지고 있는 전통적인 모양을 따를 필요가 없기 때문입니다."

또 다른 독일 제작자인 마르크도르프■의 아르놀트 홀슈타인Arnold Holstein은 애버딘셔의 론 울프 증류소Lone Wolf Distillery에서 사용 중인 증류기를 생산하기도 했다. 홀슈타인 사의 증류기로 스카치위스키를 처음으로 생산한 증류소가 바로 이 론 울프 증류소이다. 이전에 홀슈타인 사의 증류기를 스코틀랜드에서 보지 못한 건 그들이 주로 브랜디와 오드비★를 생산하는 증류기를 만들기 때문이었다.

론 울프의 단식 증류기 한 쌍은 스타일 측면에서 상당히 다른데, 하나는 목 부분에 3개의 독특한 '포종판▼'이 달려 있어 상당한 수준의 환류가 일어나게 한다. 마스터 디스틸러인 스티븐 키어즐리는 이런 말을 남겼다. "때로는 저렇게 증류해도 좋지만, 다른 때엔 더욱 '두툼한' 원액을 얻고 싶을 때가 있죠. 그런 경우엔 더 열심히 증류기를 가동합니다."

다른 증류기는 첫 번째보다는 더 전통적인 형태를 갖추고 있는데 냉각기는 2개가 달려 있다. 두 번째 것은 최적 수준의 환류를 위해 구리를 아주 많이 함유하고 있다. 하지만 키어즐리가 '두툼한' 원액을 얻고 싶다면

- • steam coils, 증기를 흐르게 하는 가열 코일.
- ◆ steam jackets, 증기 기관의 실린더 벽을 2중으로 만들어 증기를 넣어 내부를 가열하기 위한 2중 벽 구조.
- ■ Markdorf, 독일 바덴뷔르템베르크주에 있는 도시.
- ★ eau-de-vie, 프랑스에서 증류주를 가리키는 말.
- ▼ 환류를 용이하게 하고자 방울 형태의 구조물이 달린 판.

증기는 이 두 번째 냉각기를 우회하게 된다. 마지막으로 론 울프의 증류기 실은 정류 기둥을 자랑하기도 하는데, 이 장치는 그레인위스키나 미국식 버번 혹은 라이 위스키를 생산할 때 사용된다.

스카치위스키 업계에서 전통과는 다른 호가 증류기를 사용하는 증류 소로는 스트래스언Strathearn Distillery과 이든 밀Eden Mill Distilleries이 있다. 이 호가 증류기는 이탈리아 갈리시아Galicia에서 제작된 것으로, 알렘빅 증류기와 비슷한 작은 증류기이다. 이 증류기는 포사이드, 애버크롬비, 맥밀런에서 생산한 증류기보다 저렴하고, 알렘빅 증류기와 비슷하여 머리 부분이 더욱 크기 때문에 환류가 더 많이 일어난다.

파이프의 인치데어니 증류소Inchdarnie Distillery와 헤브리디스 제도의 해리스 증류소Harris Distillery는 이탈리아 가족 기업 프릴리Frilli가 만든 증류기를 선택했다. 프릴리 사는 1912년에 설립되었으며, 토스카나에 본사를 두고 있다. 이 회사의 증류기는 비교적 전통적인 구리 단식 증류기이다. 엘긴의 글렌 머리 증류소Glen Moray Distillery는 2017년 확장하며 TVR 기술이 적용된 3개의 새로운 증류기를 들였는데, 이것 역시 프릴리 사에서 제작한 것이었다.

그렇다고 구리 단식 증류기를 제작하는 전통적인 스코틀랜드 기업이 위협받고 있다고 걱정하지는 않아도 된다. 포사이드 사는 2016년 10월 말 기준 12개월 동안 5,200만 파운드의 총매출을 올렸으며 세전 이익은 570만 파운드였다. 리처드 포사이드는 이렇게 말했다. "국내와 해외에서 진행된 프로젝트 덕에 그 어느 때보다도 훌륭한 해였죠."

네스 호수Loch Ness의 괴물 같은 목을 달고 있는 서양배 모양의 번뜩이는 구리 증류기는 이렇게 확실히 로시스 뒷골목에서 전 세계 증류주 생산자에게로 향해가고 있는 것으로 보인다.

(2018)

개빈 D 스미스

닐 리들리

스코틀랜드와 아일랜드 모두

크래프트craft 증류소 숫자가 엄청나게

증가하고 있는 상황에서

위스키 업계 주요 관계자는

잠식당할 위험이 있는 그들의 카테고리를

보호할 필요를 느끼고 있을까?

모든 고예산 할리우드 블록버스터 영화는 관객의 이목을 사로잡을 드라마를 필요로 한다. 중년에 빠르게 접근 중인 남자인 나는 「스타워즈」 영화의 손에 땀을 쥐게 하는 드라마에 열광적으로 반응하는데, 이런 열정은 때로 나를 광신도처럼 보이게 하기도 한다(물론 21세기가 시작되던 즈음에 상영된 형편없는 '3부작'은 예외로 하자). 나는 주인공들의 몸짓을 흉내내면서 즐거움을 느끼기도 했다. '다스 베이더'가 있다면 '루크 스카이워커'나 '오비완 케노비'가 필요하다. 우주 체제의 음양 균형을 유지해야 하니까.

보잘것없는 생각 같긴 하지만, 내가 보기엔 위스키 업계에서도 스타워즈 같은 이야기가 진행되려고 하는 것 같다. 소규모의 독립적인(때로는 반체제적인) 증류업자나 위스키 생산자가 기존 체제에 도전하고, 종종 그 과정에서 기삿거리로 쓰기에 딱 좋은 마찰을 빚어내기도 한다. 우리는 좌절하고 규제 기관과 싸우며 그들이 받는 고통을 느낀다. 그들이 펼친 혁신의 날개는 사악하고 음흉한 지배자들에 의해 잘려나가고, 그런 조치는 감히 다른 꿈을 꾸는 자들에게 본보기가 된다.

장난기를 거두고 진지하게 말해보자. 스코틀랜드와 아일랜드 양국에서 새로운 크래프트 증류 움직임에 합류하는 증류소의 수를 합해보면 실제로 변화가 생기고 있음을 깨닫게 된다. 이런 변화는 분명 고무적이다. 하지만 동시에 잠재적인 문제를 가지고 있다.

다음과 같은 통계에 주목해보자. 2013년엔 아일랜드에 위스키를 생산하는 증류소가 4곳에 불과했다. 2017년 현재에는 가동하고 있는 증류소만 16곳이고, 계획 중인 증류소는 13곳이다. 앞으로 10년 정도가 지나면 증류소만 29곳이 된다는 뜻이다. 스코틀랜드에서도 상황은 비슷하다. 2013년부터 14곳의 새로운 증류소가 어둠 속에서 나왔고, 현재 20곳이 몇 년 안으로 설립을 목표로 준비 중에 있다.

참 훌륭한 일이다. 그렇지 않은가?

닐 리틀리

물론 훌륭한 일이다. 이런 현상은 한편으로 활력이 충만한 현재의 증류주 시장을 잘 반영한다. 하지만 이런 새로운 증류소가 전부 뛰어난 위스키를 생산하거나, 아니면 위스키를 실제로 생산할 때까지 오랜 시간 동안 업계에 남아 있을 거라고 말하는 건 타당하지 않을지도 모른다. 문제는 바로 여기에 있다. 위스키는 한결같이 품질을 갖추고 있다는 대단한 명성을 공들여 쌓았기에 그토록 오래 살아남았다. SNS를 활용하는 데 집착하는 소수의 허풍선이 독불장군과 패거리가 되면 갑자기 그 안정성은 잠재적으로 위협을 받게 되고, 그렇게 되었을 때 다가올 최악의 시나리오는 소비자가 잔에 담긴 것을 걱정하고 믿지 못하게 되는 상황이 오는 것이다. 당국이 최선을 다해 통제하려고 해도 마치 공격당한 밀레니엄 팔콘처럼 플레이버 프로파일과 품질이 급격하게 통제 불능이 되는 그런 상황 말이다. 나와 친한 사이인 박식한 조엘 해리슨은 짧게 이런 말을 남기기도 했다. "밀물은 모든 배를 띄워주지만, 동시에 물속에 잠겨 있던 어마어마한 쓰레기를 들춰내기도 하지."

소규모 증류소에 대한 보호 혹은 통제

이 모든 것 때문에 나는 '보호자 역할'이라는 개념을 생각해보게 되었다. 대기업 몇몇이 업계의 거대하고 사악한 다스 베이더가 되는 대신 협력자이자 멘토가 되는 것은 어떨까? 궁극적으로 새로운 세대의 증류업자들에게 모범, 그러니까 위스키 업계의 오비완이 되어주자는 것이다.

이런 측면에서 내 첫 기항지는 아이리시 디스틸러스가 되었다. 이 회사는 앞서 내가 언급한 개념을 회사 차원에서 지원하는 걸 공개적으로 검토했다. 아이리시 위스키 업계에서 폭넓은 역할을 해야겠다고 생각한 것이다. 아일랜드 코크에 있는 어마어마한 미들턴 증류소는 현재 첨단 기술로 무장한 2,500리터의 원액을 생산할 수 있는 새로운 소규모 증류소의 근거지가 되었다(주 증류소에 전시된 75,000리터 용량의 증류기들과는 비교가 되긴 한다). 이 증류소의 목적은 위스키 생산자들의 차원 높은 혁신을 가능하게 하는 것이다. 또한 이 증류소는 멘토링 프로그램을 제공하기도 하는데, 이 프로그램과 나란히 위스키 아카데미 코스도 운영한다. 이 코스에서는 아이리시 디스틸러스 소속 증류 전문가들이 직접 강사로 나서 수강생들을 가르친다.

"아이리시 위스키는 분명 크게 성장하고 있습니다. 업계에서 우리 역할은 아이리시 위스키 생산에서 가장 중요한 것, 즉 품질을 보장할 수 있게 지원할 수 있는 회사가 되는 겁니다." 전략과 혁신, 프레스티지 위스키 부문 디렉터인 브렌던 버클리의 말이다. "위스키 과학 부문 책임자인 데이브 퀸과 강사 키어런 오 도너번이 지도하는 아이리시 위스키 아카데미와 멘토링 제도를 열면서 우리는 포부가 큰 증류업자들이 최고의 기술력을 갖출 기회를 제공할 수 있겠다는 생각이 강하게 들었습니다. 그들이 스스로 양질의 위스키를 생산할 능력을 갖추게 되면 결국 이 업계가 전반적으로 향상될 겁니다. 조악한 위스키가 돌아다니면 업계로서도 얻을 것이 아무 것도 없으니까요." 그는 말을 이었다. "따라서 이렇게 아이리시 위스키 업계에 장기적으로 투자하는 건 우리 회사를 위한 일이기도 합니다."

세계적으로 대규모 생산자인 입장이면서도 아이리시 디스틸러스는 현재 무척 많은 관계자가 얽혀 있는 아이리시 위스키 업계의 복잡성과 미래에 닥칠 위험을 기꺼이 이해하고자 노력하는데, 어떤 면에서는 이것이 가장 중요한 점이다. 분명 제임슨과 레드브레스트 등의 브랜드를 지닌 이 거물이 조만간 신규 유입된 증류업자들로 인해 큰 재정적 압박에 처할 일은 벌어지지 않을 것이다. 이런 계획으로 아이리시 위스키 업계에 폭넓게 접근함

닐 리들리

으로써 그들은 급증하는 새로운 증류업자의 공동체에 더욱 발빠르고 후하게 다가가는 법을 배우게 될 것이고, 그러면 자연히 그들은 원로처럼 행동할 권리도 얻게 될 것이다.

스코틀랜드로 돌아가 보자. 내가 지금 다루려고 하는 이들은 틀림없이 주류 업계에서 가장 목소리를 분명하게 내고 있고, 그만큼 주변에 논란도 많다. 지난 10년 동안 그들은 소위 거물들 몇몇에게 무척 비판적이었다. 특히 규칙과 통제를 두고 영향력을 행사하는 이들에겐 더욱 그러했다.

2016년, 반체제적인 크래프트 맥주 양조장 브루독●은 애버딘셔 엘런에 론 울프라는 새로운 증류소를 개장하며 증류주 업계로 발을 들였음을 알렸다. 그들은 '증류소가 할 수 있는 일, 증류소가 해야 할 일의 한계를 더욱 밀어내고자' 증류소를 설립했다고 주장했다.

론 울프라는 배의 키를 잡는 임무를 수행 중인 사람은 마스터 디스틸러 스티븐 키어즐리다. 그는 이전에 디아지오에서 일했는데, 여러 증류소 부지를 관리했었다. 증류 기술자로서 그는 기성 조직, 그리고 전통에 얽매이지 않고 한층 난해한 조직 모두에서 경험을 쌓았다. 그렇다면 업계 주요 관계자들이 업계 사정에 정통하고, 진보적인 생각을 하는 독립적인 증류소의 잠재적인 '위협'을 우려해야 한다는 주장에 스티븐은 동의할까?

"'기성' 관계자들은 아직 그리 크게 걱정하는 모습을 보이지 않습니다. 하지만 우리 업계 내부에서 발생하는 근본적인 진전에는 확실히 주목해야 합니다." 그가 말했다. "그중 한 가지는 위스키의 세계화입니다. 국제적인 위스키 상승세는 멈출 줄을 모릅니다. 그러는 동안 전 세계의 더 많은 증류업자들이 위스키를 나름대로 해석한 결과물을 병에 담아 선보이고 있어요. '세계 증류업자'라는 개념이 생긴다는 것 자체가 위스키가 지리에 얽매여

●　Brewdog. 2007년 스코틀랜드에서 설립된 회사로, 유럽에서 가장 잘나가는 크래프트 맥주 브랜드다. 비아그라가 들어간 맥주, 42도짜리 맥주를 만드는 등의 기행을 일삼는 것으로 유명하다.

있던 시대에서 탈피하는 중이라는 걸 보여줍니다. 위스키 스타일의 품질과 원산지 사이에 있는 연결 고리는 더는 인정되지 않을 겁니다. 당연하게도 위스키 스타일에 관계없이 품질 필요조건도 증류되는 국가의 영향을 받지 않게 될 겁니다. 이렇기에 '기성' 증류업자들은 소비자가 새로운 세계의 위스키를 즐기는 모습, 또 스카치위스키를 향한 오래된 충성심이 부식되기 시작하는 모습을 보게 될 겁니다."

실로 대담한 발언이다. 특히 론 울프가 근본적으로 스코틀랜드 증류소이며, 스카치위스키협회의 규정에 따라 몇 년 안에 '스카치위스키'를 생산하게 될 것이라는 점을 생각하면 더욱 그렇다.

"스카치위스키의 플레이버 프로파일에 대한 '위협'에 관해 말하자면, 우선 전통적인 증류 방법 너머로 움직이려는 욕구가 필요하다는 생각입니다. 저 역시도 그런 욕구를 가지고 있고요." 키어즐리가 말을 이었다. "위스키 증류에 있어 전통적인 접근법은 스코틀랜드에서 아주 잘 먹혔습니다. 하지만 풍미를 추구하는 일에서 더 많은 걸 할 수 있다는 점을 이젠 받아들일 때가 되었습니다. 증류 기술자로서 저는 절대 단일 증류주 스타일에만 충실할 수 없습니다. 많은 위스키 스타일을 탐구하고, 독자적으로 그들을 해석하여 잔에 선보임으로써 전통 너머로 나아가고 싶습니다."

소규모 증류업자들의 목소리가 높아진 이 시점에서 스카치위스키 업계가 발전하도록 보호하는 게 대기업의 의무인지, 아니면 지나친 간섭이 업계를 몰락으로 이끌 것인지가 개인적으로는 궁금했고, 이에 나는 스티븐에게 어떤 생각을 가지고 있느냐고 물었다. 물론 그는 자기 생각을 표현하는 데 전혀 주저함이 없었다.

"업계가 발전하도록 '보호하는 것'과 '통제하는 것'은 실은 구분하기 어렵습니다. 거물급 이해관계자들은 현재 이 업계의 미래 발전상에 관해 지나친 영향력을 행사하고 있어요. 누가 배를 몰고 있는지 알고 싶다면 스카치위스키협회 위원회에 누가 있는지만 살펴보면 됩니다. 그리고 제가 우려하는 게 바로 그런 역학 관계이기도 하고요." 그가 지적했다. "진보적인 방식에 뛰어드는 사고방식을 갖도록 하는 대안 개념을 뚜렷하게 갖추지 않으면 십중팔구 그들은 난처한 상황에 빠지게 될 겁니다. 방법론과 지식에서 절대 발전이 없을 것이고, 궁극적으로 스카치위스키협회가 대표하는 회사의 위스키에도 발전이 없게 될 겁니다."

대기업과의 공생

"실제로 위스키를 만드는 데 헌신하는 사람들이 많습니다. 그 사람들이 단지 돈을 쉽게 벌고자 이 업계로 들어왔다는 인식이 생겨나지 않도록 도움을 준 건 규정이라는 게 제 생각입니다." 매버릭 드링스Maverick Drinks의 창립자 마이클 배션이 말했다. 그는 미국 위스키를 포함하여 폭넓은 크래프트 증류소 제품을 유통하고 있으며, 지금은 스코틀랜드 서소Thurso에 있는 울프번 증류소Wolf Burn Distillery의 제품도 취급하고 있다. "제품을 출시하는 데 3년을 기다려야 한다면 통에서 나올 때엔 결과물이 당연히 훌륭하길 바랄 겁니다. 이건 결국 자본금이 손에 많이 들려 있어야 한다는 뜻이죠. 위스키를 숙성하는 동안 써야 할 돈이 있으니 진을 만드는 증류소가 쏟아질 겁니다. 전 그걸 기다리는 중이고요. 그게 애들하고 어른을 가르는 기준이죠. 정말로요. 어디에 내놓아도 빠지지 않는 위스키가 나온다면 확실히 판이 흔들릴 겁니다."

한편 나는 디아지오에서 위스키 부문 지원 책임자를 맡고 있는 닉 모건의 생각을 들어보기도 했다. 나는 그에게 크래프트 증류소가 부상하고 있는 현재 상황에 관해 어떤 생각을 하고 있는지, 더불어 그들이 생산하는 새로운 위스키가 시장에서 어떻게 받아들여질지를 주요 업계 관계자가 우려하고 있는지 물었다. 스카치위스키 업계가 그들의 위스키가 지닌 명성을 지켜내고자 세계적으로 분투하고 있는 걸 생각하면 마땅히 해야 할 질문이었다.

"스카치위스키 시장은 규모가 크건 작건 상관없이 장기적으로 상승 추세입니다. 이 시장은 모두에게 자리를 내어줄 수 있습니다. 단, 사람들이 사고 싶어 하는 물건을 생산할 수 있어야겠죠. 그것도 계속해서요. 실제로 우리는 현재의 경향이 스카치위스키 업계의 기세를 더 강하게 하고, 새로 스카치위스키와 사랑에 빠지는 소비자 세대를 끌어들일 것으로 생각합니다. 업계 모두에게 좋은 일이죠."

그렇다면 디아지오는 스스로를 최근 늘어나는 소규모 증류업자들의 잠재적인 '보호자'라고 생각하고 있을까?

"우리 회사는 스코틀랜드의 여러 신생 증류업자는 물론 디스틸 벤처스◆와 관련된 전 세계의 신생 증류업자에게도 지원과 조언을 제공하고 있습니다." 모건이 말을 이었다. "스카치위스키 업계에서 생산자들은 오랫동안 협업하고 지식을 공유했습니다. 한마디 더하자면 리번◆에서 우리 회사가 운영 중인 소규모 증류소(1천 리터 용량의 증류기 한 쌍이 갖춰져 있다)는 실험 시설로서 그 역할을 충실히 하고 있습니다. 우리는 스카치위스키와 관련하여 폭넓고 혁신적인 계획을 구상하고 있는데, 그걸 뒷받침하고 있지요."

이제 잠시 관심을 스코틀랜드에서 다른 곳으로 돌려야 할 것 같다. 성장하는 독립적인 공동체의 일원으로서 많은 측면에서 혜택을 받고 있는 사람과 이야기할 시간이 됐기 때문이다. 하지만 이 사람은 그 혜택에 더해

- Distill Ventures, 디아지오가 후원하는 개발 회사로, 증류업의 기업들을 투자하고 지원하는 일을 한다. 2013년 이후로 증류업 관련 사업에 2,500만 파운드가 넘는 자금을 사용했다.
- Leven, 스코틀랜드 동부에 있는 호수 지역.

닐 리들리

디스틸 벤처스에서 재정 지원, 지지, 조언까지 받고 있기도 하다. 알렉스 먼치는 덴마크 스타우닝 증류소Stauning Distillery의 공동 창립자이자 전무이 사이다. 그의 증류소는 2005년 유틀란트 반도 서부에 있는 옛 도살장 자 리에서 처음 증류에 돌입했다. 10년 뒤, 스타우닝 증류소는 디스틸 벤처스 로부터 1천만 파운드를 투자받게 되었다. 투자금을 받는 조건으로 그들 은 현재의 1만5천 리터에서 약 90만 리터까지 생산량을 늘릴 계획을 세웠 다. 이는 규모 측면에서 상당한 성장이며, 실제로 증류소가 기대하는 바이 기도 하다.

"업계의 거물급 이해관계자는 위스키 업계가 발전하는 방식을 포용하 고 따를 필요가 있습니다." 먼치의 생각이다. "보호만 하면 그들의 평판은 나빠지기만 할 겁니다. 그렇게 한다고 업계의 몰락을 유발하지는 않겠지 만, 결국 대형 증류소는 흥미를 잃게 될 것이고, 궁극적으로는 수익도 줄어 들 겁니다. 이미 더 많은 업계의 거물이 새로운 소규모 크래프트 증류소에 투자하고, 그들과 함께 일하는 걸 쉽게 볼 수 있습니다."

먼치는 독립적이면서도 디스틸 벤처스의 지원을 받고 있는 입장이다. 그렇다면 그는 자신의 위스키를 규정 안에서 최대한 다르게 유지하고 싶 을까, 아니면 생산 능력을 향상할 수 있다면 거물의 도움도 기꺼이 받아들 이려고 할까?

"거물이 도움을 준다면 두 팔 벌려 환영합니다. 우리는 '다른' 위스키 를 생산하려고 하는 게 아닙니다. 우리는 '훌륭한' 위스키를 만들려고 할 뿐입니다." 먼치가 말했다. "대기업은 위스키 생산과 관련하여 어마어마한 경험을 쌓았습니다. 그들은 새로운 스타일의 위스키를 만들려고 해도 생 산 규모로 인해 제약을 받는 일이 잦습니다. 하지만 그들에겐 환상적인 새 로운 위스키를 만들 수 있는 지식, 인력, 자금이 충분합니다. 우리는 그들 에게서 많은 걸 배울 수 있습니다."

"대기업들은 더욱 융통성 있는 모습을 보일 필요가 있습니다." 먼치의 생각이다. "그들은 증류주 업계가 더 많은 기교를 원한다는 걸 이해할 필요가 있습니다. 증류주 소비자들도 자신의 미각을 시험해보길 바랍니다. 그들은 도전하고 싶어 합니다. 하지만 그들은 동시에 '피난처'도 있었으면 합니다. 돌아갈 수 있는 곳, 선호하는 것, 브랜드 말입니다. 자동차와 비슷한 이야기입니다. 다른 차를 몰아보고 싶지만, 선호하는 차는 따로 있죠. 저는 포르쉐를 좋아하지만, 다른 차도 타 보고 싶습니다. 그러니 대기업은 더 많은 소규모 '실험'을 할 필요가 있습니다. 조니 워커가 한정판 제품으로 그런 실험을 하는 것처럼요."

스코틀랜드로 돌아가 이든 밀로 가보자. 이곳은 틀림없이 스코틀랜드의 여러 진보적인 증류소 중 한 곳이다. 그들은 로랜드 지역 부흥에 이바지하고 있기도 하다. 이곳의 공동 창립자 폴 밀러와 그의 증류 기술자 팀은 증류소 설립이라는 측면에서 자기 인식에 거스르는 방향으로 나아갔다. 이곳엔 포사이드 사에서 제작한 전통적인 단식 증류기 대신 포르투갈에서 가져온 알렘빅과 비슷한 작은 단식 증류기들이 보인다. 이들은 특이한 매시 구성이라는 측면에서 그 한계를 넓히고 있는데, 이는 폭넓은 양조 지식 덕분이다. 물론 그런 특이한 매시 구성도 스카치위스키협회의 규정 안에 머물러야 한다는 점은 말할 필요가 없다.

스타우닝의 알렉스 먼치에게 물었던 것처럼, 나는 밀러에게도 비슷한 질문을 했다. 이든 밀 위스키의 기풍과 DNA를 최대한 고유하게 지켜낼 것이냐, 아니면 생산 능력을 향상할 기회가 주어지면 대기업의 도움도 환영할 것이냐는 질문에 그는 이렇게 답했다.

"어려운 질문이네요. 제 생각엔 소규모 증류업자의 이익은, 위험은 덜 부담하면서 더욱 창의적이고 흥미롭다는 것에 있다고 봅니다. 위스키 업계엔 대기업과 제휴하여 기막힌 협업을 해낸 소규모 증류업자와 위스키 생산

닐 리들리

자의 사례가 여럿 있습니다. 그게 훌륭한 블렌디드 스카치위스키이건(컴퍼스 박스를 생각해보자. 그들은 2015년부터 바카디의 존 듀어 앤 선즈와 계약을 맺었고, 후자는 컴퍼스 박스를 장기적으로 공급함과 동시에 컴퍼스 박스의 소수 지분을 지닌 투자자가 되었다), 환상적인 하이 웨스트High West Distillery처럼 대형 브랜드이건(이제 그들은 합병으로 컨스텔레이션 브랜즈 Constellation Brands Inc.의 일부가 되었다) 두 당사자가 현명하게 결합할 영역은 분명히 있습니다."

그렇다면 소규모 이해관계자들이 계속 번성하고 존속할 수 있도록 대기업과 규제 기관이 어느 곳에서 변화(혹은 양보)해야 하는가?

"규칙과 통제는 무척 제한적일 수 있어요. 다른 위스키 지역, 국가와 비교하면 분명 상업적인 이익이 제한되는 면이 있습니다." 밀러가 말했다. "예를 들면 새로운 아일랜드 증류소는 자사의 증류주가 숙성되기 전에 블렌디드 몰트와 브랜드 계약으로 초기에도 수익을 창출할 수 있습니다. 유연성이 주어지는 거죠. 하지만 스코틀랜드는 이런 걸 허용하지 않아요. 이런 상황이라 마케팅과 스카치위스키로 만든 상품 생산 측면에서 더 창의력을 쥐어짜야 합니다. 강제되는 거죠. 우리는 흥미로운 블렌디드 위스키를 다양하게 만들었지만, 우리 이름인 이든 밀로 홍보할 수가 없어요. 소비자는 현명하지 못해서 싱글 몰트위스키와 블렌디드 위스키의 차이를 구분해낼 수 없다고 생각하는 게 규제 기관의 생각입니다. 완전 터무니없는 일이죠." 그가 말을 이었다. "소비자들이 더 많은 걸 알고 싶어 하지 않는다거나, 블렌디드 위스키의 주요 성분을 투명하게 알고 싶어 하지 않는다는 정신 나간 생각도 방금 언급한 생각과 더불어 완전 말도 안 되는 소리라고 봅니다. 앞으로 반드시 처리해야 할 문제라고 봐요."

아, 투명성이라. 참으로 애용되는 단어다. 론 울프에 방문했을 때의 일이 떠올랐다. 나는 스티븐 키어즐리가 뭔가 더 말하고 싶어 하는 것 같은 느낌을 받았다. 특히 이 투명성이라는 업계 유행어에 관해서 말이다. 이 투명성은 현재 당국과 충돌 중이다. 투명성으로 인한 다툼은 1년보다 조금 더 이른 시기에 컴퍼스 박스의 '한 솔로'인 존 글레이저로 인해 훌륭히 부각되었다. 하지만 아직 그 결말에 관해 뭔가를 들은 적은 없다. 분명 키어즐리에게서도 듣지 못했을 것이다.

"이 업계는 하는 일에 관해 완벽히 투명할 필요가 있어요." 밀러가 주장했다. "숙성 연수 표기 여부 따위는 잊읍시다. 대체 병 안에 무엇이 들었는지만 알면 됩니다. 오크통을 어디 걸로 가져왔는지, 새 오크통을 썼는지, 버번 통을 썼는지, 통은 리필인지, 새 오크통이라면 얼마나 내부를 그을렸는지, 버번 통을 썼다면 그 안에 무엇이 들어 있었는지, 그리고 얼마나 오래 있었는지를 알고 싶은 겁니다."

론 울프, 스타우닝, 이든 밀, 그리고 다른 여러 소규모 이해관계자들의 이야기를 듣거나 관련된 글을 읽을수록, 나는 소규모 증류소와 대기업 사이에 더 폭넓은 공생 관계가 필요하다는 생각을 더 뚜렷하게 느끼게 되었다. 여기엔 대단히 중요한 감독 기관도 빠질 수 없다. 물론 이는 스카치위스키협회와 아이리시위스키협회를 뜻하는 것이다. 다수보다 소수의 이익을 위해 나서는 '다크 사이드'로 그들을 그려내긴 쉬운 일이다. 하지만 위스키 업계를 증류소와 풍미로 구성된 우주로 생각하면 모든 게 붕괴하는 걸 막기 위해서는 어느 정도 높은 수준의 규제가 필요하긴 하다. 그렇다고는 해도 유럽 대륙의 위스키는 계속 발전하고 있으며, 새로운 소비자에게 많은 즐거움을 선사하고 있다. 이 소비자들은 현재 풍미와 스타일 측면에서 더 많은 선택권을 누리고 있는데, 혁신적인 미국 크래프트 위스키도 늘어나고 있기 때문이다. 대기업과 각각의 당국은 '광선 검'을 만지작거리며 위협하기보다 한계를 밀어내려고 하는 이들의 목소리에 좀 더 귀를 기울일

닐 리들리

필요가 있다.

자, 다음 10년은 위스키 업계에 새로운 희망이 다가오는 그런 시기가 되어야 한다. '제국이 역습하는' 그런 시기가 아니라.

(2018)

도미닉 로스크로

2020년 말이 되면 잉글랜드에서는
14곳의 증류소가 병입할 준비를 하게 될 것이다.
도미닉 로스크로는 어떻게 잉글리시 위스키가
천천히, 하지만 확실히 신뢰성을 얻기 위한 싸움에서
승리하고 있는지 살펴본다.

"증류소를 연 뒤 위스키가 숙성되는 걸 기다리는 동안 우리는 진을 만드는 위스키 생산자로 간주되었습니다. 위스키 증류업자들은 그런 일을 자주 하니까요. 하지만 그로부터 3년이 지난 지금 우리는 부업으로 진을 생산하는 위스키 생산자에서 새롭게 싱글 몰트위스키를 갖춘, 대회에서 수상까지 한 진 증류소가 되었습니다. 인식이 완전히 바뀐 거죠. 기분이 이상하네요."

대니얼 스조는 잉글랜드 워릭셔 주 스터턴Stourton에 있는 코츠올즈 증류소Cotswolds Distillery의 소유주이며, 훌륭한 싱글 몰트위스키를 생산하는 데 헌신하고 있다. 증류소의 첫 싱글 몰트위스키는 2017년 말이 되어서야 처음으로 출시되었다. 하지만 위스키가 숙성되던 그 3년은 우연히도 진 생산에 혁명이 일어나던 시기와 거의 겹쳤다. 그 3년 동안 진은 거의 어디서든 생산되었고, 다른 어느 곳보다도 잉글랜드에서 그런 모습이 더 두드러졌다. 그러는 사이 코츠올즈 증류소가 진을 무척 훌륭하게 만든다는 점이 드러났고, 그들은 풍미 가득한 프리미엄 품질의 진으로 각종 대회에서 수상을 거듭했다.

잉글리시 위스키는 여전히 걸음마를 배우는 중이며, 약점이 있다고 여겨진다. 잉글랜드의 진 붐은 잉글랜드 위스키 생산자가 축배를 들 이유가 되었는가, 아니면 그들의 고생을 무색하게 하고, 더 나아가 싱글 몰트위스키 생산자로서의 잠재력에 큰 타격을 입혔는가? 디 잉글리시 위스키 컴퍼니The English Whisky Company의 창립자이자 전무이사인 앤드루 넬스트롭은 그리 큰 영향이 없다고 말했다.

"진 붐 때문에 매체들이 위스키에서 눈을 뗀 건 확실합니다." 그가 말했다. "소매점이나 바에서 선반 자리를 빼앗기기도 했죠. 그러니 틀림없이 해로운 효과가 있긴 했습니다. 하지만 우리 브랜드에 그리 큰 타격이 있었다는 생각이 들지는 않아요. 누군가는 전반적인 잉글리시 위스키 브랜드들에 타격이 있었을 거라고 추측할 수도 있겠죠."

레이크스 증류소The Lakes Distillery의 창립자이자 전무이사인 폴 커리는 진 붐이 잉글리시 위스키 생산자들에게 긍정적이었다고 주장했다.

"처음부터 우리는 위스키, 진, 보드카를 생산할 계획이었습니다. 이 세 가지는 어느 하나 빠짐없이 우리에게 중요합니다." 그가 말했다. "진의 빠른 성장세는 잉글랜드에서 생산되는 증류주의 신뢰성을 높이는 데 전반적으로 도움을 줬습니다. 특히 위스키를 생산하는 증류소에서 뛰어난 제품을 몇 가지 선보이기도 했죠."

최근에 설립된 잉글랜드 증류소 중 하나인 스피릿 오브 요크셔Spirit of Yorkshire Distillery는 진 트렌드에 넘어가지 않았다. 그들은 싱글 몰트위스키를 생산하는 것에 자부심을 느꼈다. 실제로 증류소의 위스키 디렉터인 조 클라크는 진은 애초에 고려 대상이 아니라고 했다.

"우리는 기본 원칙에 따라 우리 농장에서 자란 보리로 술을 만듭니다. 한 방울이라도 그렇지 않은 건 없습니다. 이것이 바로 우리 증류소의 핵심이자 우리가 하는 일의 전부입니다." 그가 말했다. "지금 이 시점에서 단식 증류기에서 생산한 진을 만드는 건 장기적 관점에서 타당하지 않습니다."

이 모든 증거가 새로운 위스키 생산자들이 진이라는 경쟁 증류주 같은 사소한 일로 흔들릴 일이 없다는 걸 보여준다. 어쨌든 북쪽엔 스코틀랜드가, 서쪽엔 아일랜드가 있다. 둘 다 어마어마한 영향력이 있는 위스키 생산지이다. 그러니 진 때문에 부담 느낄 이유는 없다.

의회와의 투쟁

앤드루 넬스트롭과 그의 팀이 이끄는 디 잉글리시 위스키 컴퍼니는 지속적인 신뢰성 구축과 씨름하는 동시에 한편으로는 다른 대다수의 나라에서는 겪지 않아도 될 장애물을 마주해야 했다.

그들은 시작부터 문제를 겪었다. 증류소의 증류기 최소 크기에 관한 고루하고, 번거롭고, 모호한 법으로 중무장한 영국의 국세청 공무원들은 증류 면허 발급에 있어 놀라울 정도로 비협조적인 모습을 보였다. 일자리와 세수를 창출하고, 부가적으로 관광업 호황에도 이바지하는 미국 크래프트 증류 업계의 상황은 싹 무시한 잉글랜드 건축 담당 공무원들은 위스키 생산에 관한 무지하고 부정확한 견해를 의사 결정 담당자들에게로 가져갔다.

넬스트롭이 말을 이었다. "증류소 건축 허가를 받을 때 우리는 건설용 미개발지를 바랐습니다. 하지만 의회 공무원들은 의원들에게 도시 근처에 있는 산업 단지 부지에 건설해야 한다고 조언하더군요. 그들은 싱글 몰트 위스키 증류소가 어떤 곳인지 전혀 이해하지 못했습니다. 세계 다른 곳, 특히 스코틀랜드에서 그런 증류소가 어떻게 운영되는지도 당연히 몰랐고요."

넬스트롭은 잉글랜드 노리치 근처에 본사를 둔 『위스키 매거진』과 접촉했고, 편집장에게 싱글 몰트위스키 증류소가 관광업에 얼마나 이득이 되는지, 산·계곡·호수에서 몇 세대를 자리 잡고 있는 스코틀랜드 증류소들이 어떻게 환경에 해로운 영향을 거의, 혹은 아예 주지 않을 수 있는지 의원들에게 탄원서를 써달라고 요청했다.

다행스럽게도 이 일은 효과가 있었다. 세인트 조지 증류소St. George Spirits는 만장일치로 현재 부지에 증류소 건설을 허가받았을 뿐만 아니라, 의회 공무원들은 의제를 제대로 조사하지 못했다며 견책을 당했다.

의회와의 다툼은 이걸로 끝이 아니다. 그로부터 4년 뒤, 필자는 폴 커리로부터 걸려온 전화를 받게 된다. 그는 아름다운 호수 관광지인 레이크 디스트릭트Lake District에서 디 잉글리시 위스키 컴퍼니와 같은 내용으로 싸우는 중이었다. 결국 그도 승리했고, 참으로 역설적이게도 현재 레이크스 증류소는 그 지역에서 가장 관광객이 많이 들르는 장소 중 하나가 되었다.

"관광은 우리 사업에서 중요한 부분입니다. 레이크스 증류소는 주요 관광지로서 입지를 확고히 하는 데 성공했고, 우리는 그 성공을 누리고 있습니다." 커리가 말했다. "설립 후 3년이 지났지만, 이미 우리 증류소는 스코틀랜드를 포함하여 영국에서 관광객이 가장 많이 방문한 증류소 상위 TOP 10에 들고 있습니다."

"관광은 무척 중요합니다." 넬스트롭이 말했다. "현재 우리 증류소는 한 해에 5만 명 이상의 관광객을 받고 있습니다. 이 중 많은 관광객들이 우리 증류소를 들르려고 이 지역을 방문합니다. 따라서 우리는 지역 관광업을 견인하고 있는 거죠."

노퍽 브로즈*와 광대한 해안을 인근에 둔 세인트 조지 증류소와 레이크 디스트릭트 근처에 있는 레이크스 증류소는 관광객 유치에 이바지한다는 사실로 도움을 받고 있다. 이는 코츠올즈 증류소도 마찬가지이다. 하지만 스조와 그의 파트너들은 잠재적인 반대를 막고자 처음부터 공동체를 끌어들였다. 그들은 지역민과 만나고, 그들에게 증류소 계획을 공개하면서 지역 공동체의 질문에 대답하고 그들의 제안을 받아들였다.

"우리가 계획한 걸 듣자 사람들은 전폭적인 지지를 보냈습니다. 그때부터 우리는 우리가 공동체의 중심에 있다는 걸 확실히 해뒀습니다. 지역민들은 증류소에 들러 우리 제품의 레이블 부착 작업을 도왔고, 이 일은 공동체 행사가 되었습니다."

잉글리시 위스키는 이제 시작이지만, 장차 스코틀랜드와 아일랜드의 선례를 따라 협회를 설립하여 잉글리시 위스키라는 명칭을 달 수 있는 자격을 정의하고 지시하는 일에 증류업자들이 동조할 가능성이 거의 없다는

---

* Norfolk Broads, 국립공원과 같은 수준의 특별 보호를 받는 '습지대'로 영국에서 가장 규모가 크다.

건 확실하다. 대체로 현재 증류업자들은 명확하게 독립 상태를 누리고 있기 때문이다. 그들 중 몇몇은 싱글 몰트위스키를 생산할 때 스코틀랜드와 똑같은 방식을 따르지만, 그들이 바라는 대로 뭔가 다른 면을 추구할 수 있는 권리를 포기하는 데 거리낌이 있다. 실제로 일부 잉글랜드 위스키 생산자들은 처음부터 뭔가 다른 모습을 보이고 있다.

애드넘스 코퍼 하우스 증류소, 더 런던 디스틸러리 컴퍼니, 디 옥스퍼드 아티잔 증류소는 호밀을 포함한 다른 곡물로 실험을 하는 중이다. 흔치 않은 타입의 오크통이 사용되었고, 새 오크통에 숙성된 위스키도 사용되었다. 심지어 세인트 조지 증류소마저 이탄 건조 맥아로 만든 위스키와 그렇지 않은 위스키만 생산한다는 신조를 깨고 '더 노퍽The Norfolk'이라는 강한 풍미를 지닌 달콤한 그레인위스키를 생산해 성공을 거두기도 했다.

폴 커리의 말에 따르면 레이크스 증류소는 위스키 스타일로 여러 실험을 하겠지만, 주된 목표는 양질의 싱글 몰트위스키를 생산하는 것이라고 했다.

"증류소마다 생각은 다르겠지만, 저는 잉글랜드 증류소들이 각자 계획이 있다고 확신합니다." 그가 말했다. "우리는 스카치위스키 생산 과정의 정수를 가져와 그것을 증류소에 적용하는 걸 목표로 하고 있습니다. 무척 다양한 위스키 스타일이 있는 스코틀랜드처럼, 잉글랜드 증류소들 사이에서도 다양한 스타일이 생겨날 것 같습니다."

잉글랜드 증류업자들의 첫 물결을 특징짓는 건 위스키 생산에 관해 그들이 보이는 진지한 접근법이다. 그들이 일을 쉽게 하려고 절차를 무시하거나, 미심쩍은 모습을 보이는 건 전혀 없다. 오히려 그들은 최고의 장비, 그리고 가장 우수한 자원을 무척 강조한다. 세인트 조지, 애드넘스, 코츠올즈는 모두 최소 3년 숙성된 위스키만 병입했고, 품질이 훌륭하다는 걸 보증하고자 최선을 다해야 했다. 그래도 그들은 스코틀랜드와는 다른 분

도미닉 로스크로

위기에 도움을 받았다. 때마침 스코틀랜드 증류업자들이 숙성 연수가 짧은, 숙성 연수 미표기 제품을 홍보하는 움직임을 보였는데, 그들의 이런 행동 역시 잉글랜드 증류업자들에게 도움을 주었다.

"새로 출시되는 스코틀랜드 싱글 몰트위스키에 숙성 연수 표기가 없을 때마다 제 삶은 조금씩이지만, 한결 더 나아졌죠." 넬스트롭이 말했다.

잉글리시 위스키 스타일이 있는가

여태까지는 협회가 필요하지 않았고, 협회를 설립해달라는 요구도 없었다. 협회의 긍정적인 측면은 최소한의 품질 기준을 강제할 수 있다는 것이고, 부정적인 측면은 창의성을 저해할 수 있다는 것이다. 현재 잉글랜드 증류업자들은 자기 위스키에 집중하고 잉글리시 위스키의 구체적인 스타일을 정하지 않아도 되는 상황에 일반적으로 만족감을 느끼는 것처럼 보인다.

"제 생각으로는 널리 인정된 잉글리시 위스키 스타일이 나타나려면 오랜 시간이 지나야 할 것 같습니다." 디 잉글리시 위스키 컴퍼니의 앤드루 넬스트롭이 말했다. "많은 새로운 증류업자들이 단식 증류기에서 생산한 위스키와 연속식 증류기에서 생산한 위스키를 함께 활용하는 걸 생각해보면 그런 일은 영원히 없을지도 모릅니다. 이런 위스키는 전통적인 설정에서는 있을 수 없는 전혀 다른 스타일의 위스키인 게 분명하니까요."

스피릿 오브 요크셔의 조 클라크는 동의는 했지만, 경고하는 것도 있지 않았다.

"모든 잉글랜드 위스키 증류업자 사이에서 지역 스타일이 발전하거나, 혹은 전체적인 스타일이 부상하면 훌륭한 일일 겁니다. 하지만 그렇게 된다면 분명 우연의 일치일 겁니다." 그가 말했다.

"어쨌든 최근에는 증류소의 특징이 지역보다는 선택으로 형성되는 게 일반적입니다. 우리는 생산이라는 측면에서 정말 흥미로운 일을 해낼 수 있었습니다. 스카치위스키협회의 규정에 얽매이지 않았으니까요. 하지만 이런 점이 양날의 칼이기도 하죠. 잉글리시 위스키 생산에 규정이 없기 때문에 썩 훌륭하지 않은 위스키가 나타날 수 있고, 이렇게 되면 잠재적으로 모든 잉글리시 위스키에 해가 될 수 있습니다. 하지만 종합적으로 보면 품질이 늘 가장 중요하게 생각되는 한 준수해야 할 규정이 없는 건 긍정적이라고 할 수 있겠습니다."

잉글리시 위스키가 중장기적으로 온전하게 받아들여지려면 품질 문제는 지극히 중요하다. 잉글랜드 증류업자라면 그 누구도 국제 시장에서 신뢰성을 구축하는 전투에서 승리했다고 생각하지 않는다.

"현재 소비자들은 여러 다른 나라에서 생산된 위스키를 시음하는 데 엄청나게 큰 관심을 보이고 있습니다. 선택권이 어마어마하거든요." 레이크스 증류소의 폴 커리가 말했다. "그 결과 잉글리시 위스키는 개념 측면에서 그다지 다르다고 볼 수 없게 됐습니다. 비교적 새롭고, 현재 시장에 선보인 위스키의 수가 적긴 하지만요. 하지만 시간이 흐르면 우리의 더 레이크스 몰트 같은 제품이 더 많이 출시될 것이고, 그렇게 되면 잉글리시 위스키의 명성도 퍼져나갈 겁니다."

조 클라크는 여전히 잉글리시 위스키가 무엇인지에 관한 실재하는 인식이 없다고 생각한다.

"잉글리시 위스키 산업은 아직도 무척 설익은 상태입니다. 하지만 더 많은 증류소가 생겨나고 시간이 흘러 산업도 무르익으면 긍정적인 인식이 생겨날 거라고 확신합니다."

그렇다면 문제는 바로 이것이다. 잉글리시 위스키가 이웃 스코틀랜드의 것과 다른 방향으로 나아간다면, 이웃의 그 유명한 스카치위스키보다

도미닉 로스크로

더 나을 수 있을까?

"굳이 말하자면 질문이 잘못됐다고 생각합니다." 넬스트롭이 말했다. "정말로 질문해야 할 것은 독립적인 위스키 생산자들이 성취하려고 하는 것과 세계 5대 위스키가 하고 있는 일의 차이는 무엇인가 하는 것입니다."

"독립 신생 기업으로서 우리는 모두 자유롭게 고유한 방식으로 위스키를 만들 수 있습니다. 덧붙여 각자 목표로 한 소비자에게 매력적으로 다가갈 브랜드 이미지도 구축할 수 있죠. 스코틀랜드 외부에 근거지를 둔 우리는 고수해야 할 일련의 규칙이 간단합니다. 그런 규칙은 우리를 더 창의적으로 만들어줍니다."

스피릿 오브 요크셔의 조 클라크도 거대 증류소와 크래프트 증류소 구도를 논했다.

"잉글리시 위스키 업계는 아직 진짜로 자립했다고 할 수 없죠." 그가 말했다. "우리는 대기업도 없으니 현재 전반적으로 아주 다른 걸 성취하려고 한다고 말해도 될 겁니다. 잉글랜드는 믿을 만하고 진지한 위스키 생산 지역으로서 확고하게 인정받을 필요가 있는데, 지금 상황에서 성취란 건 주로 그런 거죠. 세인트 조지 증류소의 노력은 이미 오래전에 시작되었고, 우리는 그들의 업적에 경의를 표합니다. 스피릿 오브 요크셔 직원들은 위스키의 풍미를 향상하는 일에 의욕을 느끼는데, 그래서 우리는 우리가 하고 있는 일 덕분에 무척 짜릿합니다. 제 생각으로는 스코틀랜드의 오래된 증류소 몇몇은 자동화가 계속되는 시간을 거치면서 의욕을 잃은 것 같아요."

그렇다고 해도 시장의 압박은 잉글리시 위스키 생산자에게 상황을 똑바로 이해할 것을 요구하고 있다. 그것도 처음으로. 예를 들면 대니얼 스조 역시 위스키 시장에 자신의 위스키가 들어섰을 때 초조했음을 인정했다.

"당연히 소비자들이 우리만큼 우리 위스키를 좋아하길 바랍니다." 그가 말했다. "그래도 무척 초조하긴 합니다. 우리가 해온 일, 우리가 들인 시간은 모두 이걸 위해서였어요. 하지만 우리는 소비자의 소비 습관이 어떨지, 우리 물건이 얼마나 팔릴지 전혀 감을 잡지 못하겠습니다."

그렇다면 잉글리시 위스키는 짜릿한 미래를 맞이할 준비가 되어 있는가? 이에 대한 답은 만장일치였다.

"당연한 게 분명하죠." 클라크가 말했다. "잉글리시 위스키 붐이 이제 곧 일어날 겁니다. 관련하여 향후 몇십 년 동안 흥미로운 시음과 논의의 장이 마련될 겁니다."

앤드루 넬스트롭은 한술 더 떴다. "잉글리시 위스키를 생산하는 사람이 그 질문에 '아니요'라고 대답한다고요? 그렇다면 새 직장을 알아봐야 할 겁니다." 그가 말했다. "재정적으로 기복이 있을 수는 있겠죠. 하지만 늘 흥미로울 거라고 확신합니다. 어쨌든 우리가 나서서 만나야 할 소비자가 30억 명이나 있으니까요!"

잉글리시 위스키에 안정된 미래가 있을까? 나는 진토닉으로 그 미래를 위해 건배하겠다.

(2018)

도미닉 로스크로

조니 머코믹

새로운 증류소를 설립하는 건
복잡하고, 시간이 많이 투입되는 헌신적인 일이다.
증류소가 가동되었을 때 운영하는 일은
말할 것도 없다. 하지만 3년, 혹은
그 이상의 시간이 흐르면
또 다른 벅찬 일이 기다린다.
그건 바로 숙성된 제품을 브랜드화하고
판매하는 일이다.

증류소를 새로 설립한다고 상상해보자. 시초부터 개장까지 당신이 생각한 모든 계획은 SNS에서 철저히 검토되고 논의될 것이며, 위스키 축제와 위스키 클럽 행사에서는 추측이 난무할 것이다. 회의적인 지역 언론은 눈에 불을 켜고 유심히 관찰할 것이며, 당신의 참을성 있는 가족, 친구, 그리고 호기심 많은 이웃은 일이 어떻게 돌아가는지 주의 깊게 살필 것이다. 증류소 설립엔 참으로 많은 일이 달려 있다. 마침내 숙성된 술을 병입하여 세상에 내보낼 준비가 되었다는 생각이 들더라도 그 자체가 신경이 곤두서는 일이다. 이는 마치 아이가 학교에 나가는 첫날 부모가 잡은 손을 놓는 것과 같은 일이다. 세상은 당신의 새로운 브랜드, 새로운 위스키에 어떤 반응을 보일까?

짧은 역사를 지닌 증류소의 이력을 요약한다면 이 정도일 것이다. 2020년에는 10여 개의 새롭고 어린 싱글 몰트 스카치위스키가 소비자의 관심을 끌고자 경쟁할 것이다. 포트 오브 리스, 툴바디, 글렌 위비스의 첫 위스키를 마실 때 당신은 어디에 있을 것인가? 위스키 소비자들은 이런 위스키를 50파운드, 혹은 100파운드 미만으로 살 수 있을까? 지난 30년 동안 새로운 증류업자들이 채택한 전략을 검토하며 위스키 소비자와 대망을 품은 증류업자들이 배울 수 있는 교훈이나 곤경은 어떤 것일까?

갓 증류한 원액을 오크통에 담아 구애를 멈추지 않는 열성팬에게 판매하는 과정부터 창립자 클럽에 가입한 회원들에게 지극히 중요한 첫 제품을 독자적으로 판매하는 과정까지 신출내기 증류업자들은 엄청나게 많은 결정을 해야 한다. 이제 '첫 출시'라는 난국에서 자신만의 고유한 해법을 개발한 누군가를 만나는 일부터 시작하도록 하자.

메스번Methven의 스트래스언 증류소는 스코틀랜드에서 규모로 가장 작은 편에 들 테지만, 그들이 품은 야망을 충족하기엔 충분한 크기이다. 처음 증류한 위스키가 오크통에서 숙성된 기간이 3년에 다다르자 증류소 소유

조니 머코믹

주이자 창립자인 토니 리먼-클라크는 어떤 일을 해야 할지 깊이 생각했다.

"가격을 얼마로 매겨야 할지 도무지 감이 잡히지 않았습니다." 그가 솔직히 인정했다. "첫 제품은 표준이 됩니다. 가격이 지나치게 낮으면 선반에서 날아가듯 사라질 것이고, 저는 자책할 수밖에 없겠죠. 반대로 가격이 지나치게 높으면 팔리지 않을 거고 다 끝난 일이 됩니다." 난처한 가운데 숙고를 거듭한 리먼-클라크는 갑작스럽게 영감을 얻었다. 그는 그게 위험한 일이 될 거라는 걸 알았지만, 제대로 먹힐 수도 있었다. "갑자기 생각이 하나 떠오른 거죠. 그렇다면 가격 책정에 모두가 개입할 수 있게 하자고요. 경매에 500밀리리터 위스키 100병을 내놓지 못할 이유도 없으니까요."

리먼-클라크는 퍼스의 위스키 옥셔니어Whisky Auctioneer 창립자이자 전무이사인 이언 머클런을 찾아갔고, 그들은 양쪽 모두에 모험인 새롭고 짜릿한 일을 시작했다. 우선 그들은 위스키 옥셔니어 홈페이지 안에 스트래스언 전용 소형 사이트를 만들었다. 다음으로 그들은 통상 기간보다 훨씬 더 길게 그 사이트를 유지했다. 리먼-클라크가 명기한 판매 기간은 8월 23일부터 12월 1일까지였다. 8월 23일은 2014년 스트래스언 증류소가 증류 면허를 받은 날이고, 12월 1일은 증류소 창립일이었다. 이후 그에겐 믿을 수 없는 일이 벌어졌다. 내놓은 100병이 10시간 만에 전부 예약된 것이었다.

리먼-클라크는 경매를 활용하여 사람들이 증류소 첫 제품을 사들여 이익을 위해 되파는 걸 막았다. 동시에 그는 영리하게도 숙성 연수가 얼마 되지 않은 위스키에 엄두를 못 낼 만큼 높은 가격을 붙인다는 비판도 피할 수 있었다. 아무래도 그런 관심을 받고 싶지 않은 건 인지상정이다. 아빈자렉 증류소Abhainn Dearg Distillery가 3년 숙성 위스키를 2,011병 출시하며 150파운드를 권장가로 정하자, 그 정도 스펙에 용량이 500밀리리터밖에 안 된다며 몇몇 소비자들은 지갑을 여는 걸 망설였다. 6년이 지난 뒤에도 그들의 첫 제품은 여전히 증류소 웹사이트에서 판매 중이고, 이 일은 새로 시장에 진입하는 증류업자들과 위스키 수집가들에게 귀한 교훈이 되었다. 아일 오브 아란 증류소는 혁신적인 포장으로 높은 평가를 받아 명성을 쌓았지만, 그들의 첫 제품은 레이블도 붙이지 않은 유리병에 담긴 3년 숙성 싱글 몰트위스키였고, 코르크 위엔 투명한 플라스틱이 감겨 있었다. 넥에 붙인 꼬리표가 사라지기라도 한다면 출처와 진위도 증명하기 어려운 그런 제품이었다.

충성스러운 팬층을 구축하는 데 이바지하는 효율적인 캠페인을 이끌어가는 것으로 두드러지는 두 증류소가 있다. 가족이 운영하는 캠벨타운의 글렌가일 증류소Glengyle Distillery는 '워크 인 프로그레스Work in Progress' 제품을 2009년부터 다량 출시하고 있는데, 모두 2004년 생산한 위스키로 만드는 것이다. 포장은 단번에 눈길을 끌고, 병엔 숫자가 전혀 적히지 않았으며, 가격은 적당했다. 매년 제품을 출시하며 워크 인 프로그레스 위스키는 조금씩 더 숙성되었고, 증류소는 위스키가 12년이 될 때까지 버번 오크통과 셰리 와인 오크통에서 숙성한 영향을 소개하기 시작했다.

아일라 섬의 여덟 번째 증류소인 킬호만은 첫 제품으로 3년 숙성 위스키를 출시했으며, 빠르게 매진되었다. 열성적인 팬들은 정기적으로 공급되는 시즌별 제품과 캐스크 스트렝스 싱글 캐스크 제품을 덥석 사들였다. 이에 당연하게도 킬호만은 증류소 개시 측면에서 완벽한 모습을 보이는 설계자로 간주되었다. 서소의 울프번 증류소는 숙성 연수가 얼마 되지 않은 위스키를 출시할 때 명백히 킬호만과 비슷한 방식을 채택하고 있다. 875병만 출시한 그들의 첫 제품은 200파운드였지만(지금은 이 가격의 2~3배로 거래된다), 동시에 그들은 정규 제품을 45파운드에 출시하며 소비자들이 울프번의 싱글 몰트위스키를 즐길 수 있도록 했다.

그렇다면 경매 경험은 토니 리먼-클라크가 향후 제품 가격을 책정하는 데 도움을 주었을까?

"경매를 통해 감을 잡은 바가 있지요." 그가 낙관적으로 말했다. "처음 출시한 100병은 웃돈이 붙을 거란 걸 알고 있었습니다. 그래서 '평균 120파운드가 나오면, 시중에서는 60~80파운드 정도 되겠지. 가이드라인을 잡을 수 있겠어'라고 생각했죠. 그런데 제가 얼마나 잘못 생각했던지요!" 스트래스언 증류소에서 내놓은 첫 제품 100병은 총 4만 파운드에 팔렸다. 낙찰가 중앙값은 333파운드였다. 위스키 수집가로 명성이 높은 이탈리아인 쥐세페 베그노니는 1번 제품을 4,150파운드에 사들였다. 온갖 증류소를 통틀어도 첫 번째 제품으로는 가장 고가일지도 모른다.

"전 세계에서 어마어마한 관심이 쏟아졌습니다. 이는 사람들이 스트래스언을 안다는 말입니다. 그들은 우리가 하는 일, 우리가 생산한 위스키의 품질을 신뢰하고 있습니다. 이는 소규모 증류업자에게 훌륭한 일이죠."

스트래스언 판매로 판로를 개척한 위스키 옥셔니어는 2017년 8월 이스라엘의 밀크 앤 허니 증류소Milk & Honey Distillery의 첫 제품도 독점적으로 확보했다. 그건 그렇다고 치고, 스트래스언의 다음 행보는 무엇일까?

"두 번째 제품도 경매에 내놓는다면 저는 탐욕스러운 사람으로 보이겠죠. 그런데 저는 그런 사람은 아니니까요." 리먼-클라크가 말했다. "많은 사람이 제게 왜 1번 병을 간직하지 않았냐고 묻습니다. 그러게요. 하지만 제겐 증류소가 있으니까요!" 그가 활짝 웃으며 말했다.

투자금을 어떻게 마련할 것인가

증류소 개업은 돈이 많이 드는 일이다. 건물, 증류소 장비, 생산 직원, 맥아, 오크통만 생각해서는 안 된다. 홍보, 브랜드에 맞는 포장과 병의 개발, 영업팀에 드는 비용도 잊어서는 안 된다. 적절히 자금 조달이 되면 사업을 하며 이 모든 게 해결된다. 투자자들은 오랜 기간 투자로 인한 이익이 발생하지 못하리라는 걸 물론 알고 있다. 하지만 사람들은 은행 잔고를 보고 자금 부족으로 야망에서 손을 떼는 기업들 이야기를 더 많이 들을 가능성이 크다.

재원이 빡빡한 기업들은 현금 유동성을 개선하고자 고가 제품을 사들이는 소비자 및 투자자와 접촉한다. 추가로 자금을 확보하는 방식은 크라우드 펀딩, 개인 투자, 통 단위 판매, 창립자 클럽의 형태를 띤다. 그렇다면 자금을 투자한 소비자에겐 무엇이 주어지는가? 그들에겐 처음부터 신생 증류소의 일부가 되는 기회, 초기에 발매되는 제품에 확실하게 접근할 수 있는 권리, 증류소에서 제공하는 특전, 사들인 오크통에서 숙성되는 위스키의 단계적인 변화를 누릴 수 있는 권한 등이 주어진다.

부정적인 면은 두 개의 단어로 요약할 수 있다. 10여 년 전에 레이디뱅크 증류소Ladybank Distillery는 파이프에 농장 증류소를 짓겠다며 창립자 클럽을 모집한다고 했고, 대중에게 수천 파운드를 투자하여 회원이 되라고 했다. 창립자 클럽 회원들에게는 독점적으로 편의가 제공될 것이며, 위스키가 숙성되면 매년 한 케이스(12병)의 위스키를 받게 되는 특권이 주어질 것이었다. 이에 수백 명이 돈을 투자했다. 하지만 사업은 수렁에 빠졌고, 증류소를 계획하던 회사는 기존 클럽 회원들에게 더 많은 돈을 투자하라고 했다. 그러나 결국 사업은 실패했고, 증류소는 완공되지 못했다. 회원들은 위스키는커녕 투자한 돈을 한 푼도 돌려받지 못했다.

이미 위스키를 생산 중인 가동 증류소와 삽도 뜨지 못한 계획을 구별하는 법은 배워야 한다. 의도가 아무리 좋아도 후자는 자금, 필요한 면허나 건설 허가 등을 받지 못했을 수도 있다. 애석하게도 가트브렉 증류소Gartbreck Distillery가 이런 식으로 무산되었다. 문자 그대로 흘수선 아래에 구멍이 난 것이었다. 상황이 이렇게 되었음에도 그들은 위스키 소비자들에게 외부 투자를 받으려고 하지도 않았다. 새로운 증류업자에게 대안적인 형태로 재정 지원을 하는 걸 고려한다면, 대비해야 할 위험이 어느 정도인지, 또 투자를 하면 어떤 이득을 볼 수 있는지 잘 판단해야 한다.

홀리루드 파크 증류소Holyrood Park Distillery는 세금 측면에서도 유리한 투자 방식인 '엔터프라이즈 인베스트먼트 스킴Enterprise Investment Scheme'을 통해 550만 파운드를 모으려고 하고 있다. 이 증류소의 공동 창업자인 데이비드 로버트슨은 자신이 소유한 회사인 위스키 트레이딩 컴퍼니Whisky Trading Company를 2013년에 설립할 때 4백만 파운드를 조달하겠다는 야심 찬 목표를 세웠는데, 그때에도 같은 방식을 활용했다. 글렌위비스 증류소The GlenWyvis distillery의 공동체 지분 계획은 예상을 뛰어넘는 성과를 거뒀고, 이후 수요를 만족시키고자 증류소는 250파운드의 지분을 모집하는 두 번째 계획을 실행했다. 도녹 증류소Dornoch Distillery의 톰프슨 형제가 시행한 크라우드 펀딩에 2천 파운드를 투자한 사람들은 자신의 옥타브 오크통(약 50리터)에 갓 증류한 위스키가 가득 차는 걸 흐뭇하게 지켜봤다.

현재 첫 증류 이후 창립자 클럽 회원을 구하는 증류소는 해리스, 아일 오브 라세이, 킹스반스, 린도어스 애비, 툴바디가 있다. 선택권이 풍성한 걸 생각하면 참여자보다 계획이 더 많을지도 모른다. 통 단위 구매는 더 많은 돈을 투자해야 한다. 10년 전만 해도 맥캘란 증류소는 1만 파운드를 받고 사적으로 오크통에 위스키를 채워줬다. 하지만 오늘날 그 돈으로는 신생 증류소를 가야 한다. 예를 들면 아비키 증류소가 그 돈으로 1794 파운더스 캐스크를 채워줬다. 애넌데일 증류소 초기 오크통을 하나 사들이려고 했다면 1번 통을 제외하곤 10만 파운드를 내야 했다. 1번 통은 증류소에서 1백만 파운드의 가치가 있다고 평가했다. 하지만 걱정할 건 없다. 2017년에는 2,100파운드만 있으면 그들로부터 가장 저렴한 오크통을 살 수 있게 됐다. 아까보다는 합리적이지 않은가?

통 단위 판매 내용은 서로 엄청나게 다르다. 아드네머켄, 아란, 글래스고, 해리스, 아일 오브 라세이, 스트래스언, 툴바디 증류소가 제시하는 계약서의 세부 사항을 잘 살펴보면 알 수 있을 것이다. 개인이 사들이는 오크통은 잠재적으로 증류소 브랜드와 경쟁하게 될 것이므로 일반적으로 그 수는 매년 제한적이다. 유명한 증류소의 숙성된 위스키가 담긴 오크통은 가끔 경매에서 훌륭한 가격에 판매되는 게 분명하지만, 새로운 증류소는 아직 신뢰를 더 쌓아야 한다. 통을 재미로 사들이거나 경험을 위해 갹출하여 사들이는 건 괜찮다. 하지만 책자에 미묘하게 적힌 글을 보고 투자 목적으로 통을 사서는 안 된다. 당신의 통에서 위스키가 숙성되었을 때 정도면 그 위스키가 딱히 귀한 물건이 아닐 것이라는 점을 꼭 기억해야 한다. 증류소의 공식 브랜드 위스키가 동시에 병입될 것이며, 당신처럼 통을 사들인 모든 사람이 같은 곳에서 나온 같은 위스키를 판매하려고 할 것이라는 점을 잊지 말아야 한다.

스카이 섬의 위스키

우리는 조용한 곳을 주목해야 한다. 다른 이에게 선행 투자를 요청하지 않고 증류소를 개장해 증류업을 바로 시작하는 새로운 증류소들 말이다. 이런 증류소로는 발린독, 클라이드사이드, 쓰리 스틸스The Three Stills Company Ltd의 더 보더스가 있다.

이제 모스번 디스틸러스Mossburn Distillers의 열정적인 증류 책임자인 리처드 비티를 만나보자. 그는 직무를 수행하며 자신이 업계에서 쌓은 풍부한 경험을 활용한다. 그는 이전에 스페이사이드 증류소 책임자로 일했고, 상업 몰팅 회사와 양조 및 증류 공학 회사에서도 근무한 적이 있다. 2017년은 그에게 흥미로운 한 해였다고 말해도 과언이 아닐 것이다. 스카이 섬의 토라바익 증류소Torabhaig Distillery는 생산을 시작했고, 비티는 증류소가 2017년 말까지 순수 알코올 25만 리터를 생산할 것이라고 봤다. 그의 말에 따르면 토라바익의 2018년 목표는 순수 알코올 45만 리터다. 이 증류소는 포사이드 사에서 제작한 전통적인 증류기, 세미 라우터 매시 턴, 증류액에 독특한 특성을 부여하도록 설계된 나무 워시백을 갖추고 있다.

"전통적인 스카이 섬의 위스키죠." 비티가 설명했다. "섬에서 생산된 위스키에는 어느 정도 이탄 풍미가 있어야 한다는 게 사람들이 기대하는 바죠. 토라바익의 위스키는 이탄 풍미가 시작부터 강하게 나지만, 과도하지는 않습니다. 그 뒤에서 다가오는 과일 느낌 강한 에스테르가 정말로 흥미로운 특징을 지닌 위스키로 만들어주죠."

바다와 본토 서쪽 해안이 보이는 전경을 뽐내는 토라바익 증류소는 매년 스카이 섬으로 여행하는 수십만 관광객에게서 이익을 얻을 것이다. 하지만 위스키가 병입하기에 너무 어린 이 상황에서 증류소 투어가 끝날 때 무엇을 제공해야 할까?

"우리는 관광객들이 증류소 투어를 마치고 유익했다는 생각이 들길 바랍니다." 비티가 말했다. 그는 관광객들에게 토라바익 증류소에서 갓 증류한 원액을 따를 생각이었다. 하지만 더욱 놀라운 건 그가 특별히 엄선한 다른 회사의 위스키 몇 가지도 함께 제공한다는 점이었다. 여기엔 나름의 이유가 있었다. "우리가 타사의 위스키를 제공하는 건 그 제품이 토라바익이 추구하는 특성을 지니고 있기 때문입니다."

통 단위 판매나 최소 숙성 기간 3년을 딱 채우자마자 병입되는 싱글몰트위스키는 토라바익 증류소에서 기대할 수 없을 것이다.

"우리는 무척 운이 좋습니다. 사업이 짜임새가 있어서 조금 더 장기적으로 바라볼 수 있거든요. 한정판 제품은 출시되겠지만, 대량으로 판매되는 일은 없을 겁니다. 위스키가 어떻게 숙성되었는지, 위스키를 병입을 해도 좋은지에 관한 논의는 더욱 많이 진행될 겁니다. 중요한 건 전력을 다해 최고의 위스키를 만들어내는 것이니까요."

비티가 다음으로 해야 하는 일은 스코티시 보더스 주 제드버러Jedburgh 인근에 모스번 증류소를 설립하는 것이다. 이 증류소는 회사의 중심지가 되어 회사의 미래 사업을 주도할 것이며, 대규모 싱글 몰드위스키 증류소와 그와 비슷한 규모의 그레인 증류소, 숙성 창고, 사무동, 병입 시설로 구성될 것이다. 비티는 바쁜 사람이지만, 이 일 말고도 해야 할 일이 더 있다. 그는 모스번 디스틸러스가 일본에도 새로운 증류소를 건설하는 중이라는 사실을 밝혔다.

"화이트 오크 증류소White Oak Distillery에서 길을 따라 가다보면 오사카만 남단이 나옵니다. 우리 증류소는 그곳에 있죠." 모스번 디스틸러스는 화이트 오크에 지분이 있으며, 아직 이름을 짓지 못한 이 새로운 증류소는 아카시해협대교 가까이에 지어질 것이다. 이 증류소는 포사이드 사의 단식 증류기를 사용할 것인데, 한 증류기로 로 와인과 증류액을 모두 생산하는 방식으로 운영될 것이다. 이는 곧 가동 중간에 증류기 내부를 청소한다는 뜻이다. 해수면과 같은 높이에 남풍이 불어오는 증류소 부지는 나름 어려운 문제를 겪을 것이다. 하지만 이 부지에서는 형식적인 숙성만 있을 것으로 보인다. 그들은 오크통의 영향을 최고로 끌어낼 특정 장소를 찾는 중이다.

"일본 증류소들은 믿기지 않을 정도로 혁신적이지만, 저는 일본 위스키 산업의 시작에 이바지했던 스카치위스키 산업의 일부 전통을 다시 일본으로 가져오고자 합니다." 비티가 말했다. "일본 위스키 산업은 자각하기도 전에 산업화와 비슷한 형태가 되었습니다. 물론 쓰기 좋은 말은 아니죠. 하지만 저는 기본으로 돌아가고 싶습니다. 숙성 단계를 살피고, 예전의 모습을 찾을 겁니다. 증류의 뿌리로 돌아가는 거죠. 우리 같은 작은 회사는

조니 머코믹

그런 일을 하기 더 쉽습니다. 버나드[•]가 직접 눈으로 봤던 걸 생각해보세요. 우리는 그것에서 영감을 받을 수 있고, 또 그것을 토대로 고품질의 제품을 생산할 수 있습니다. 우리는 이탄으로 건조한 맥아를 쓴 위스키와 쓰지 않은 위스키를 모두 생산할 겁니다. 하지만 먼저 매시에 갈아둔 이탄 건조 맥아를 첨가하는 실험을 할 겁니다. 어떤 일이 벌어질지 궁금하거든요."

완전히 새로운 위스키라는 범위에서 의도적으로 배제한 두 부류가 있다. 논할 이유가 없다고 생각했기 때문이다. 우선 기성 다국적 기업이 블렌디드 위스키를 만드는 데 필요한 원액을 구하고자 설립한 새로운 증류소는 배제했다. 예를 들면 키닌비, 아일사 베이, 로즈아일, 달무낙 등이다.

둘째로 아드벡, 블라드녹, 벤로막, 브룩라디, 글렌드로낙 등 폐쇄했다 다시 개장한 증류소도 배제했다. 이런 증류소들은 보통 새로운 소유주가 위스키 재고를 새로 비축하는 동안 공백을 메우는 해결책으로 활용되었다. 뒤늦긴 했지만 키닌비와 아일사 베이는 증류소만의 새로운 싱글 몰트 브랜드를 선보였고, 브룩라디의 옥토모어와 포트 샬럿은 엄청난 수요가 있음을 증명했다. 이런 두 가지 상황에서도 완전히 새로운 위스키가 나타날 수 있지만, 신생 증류소를 운영하는 회사는 추가적인 이득이 있다.

킬호만 증류소는 갓 증류한 원액을 판매한 선구자였는데, 재개장한 글렌글라속 증류소는 이를 그대로 따라 했고, 킹스반스, 이든 밀, 애넌데일은 이를 더 세련되게 모방했다. 하이랜드 파크도 한때 이런 일에 가담했는데, 참 꼴사나웠다. 대다수 신생 증류소는 갓 증류한 원액을 판매하는 일을 법적으로 위스키를 판매할 수 있는 시기가 되기 전에 하는 선택적인 일이라고 여기지만, 처음으로 출시되면 선반에서 금방 사라질 게 분명하다. 여하튼 스티븐 키어즐리는 그런 증류소들과는 생각이 달랐다. 론 울프 증

• 옮긴이 주: 알프레드 버나드(Alfred Barnard)를 말하는 것으로, 영국의 모든 위스키 증류소를 방문하고 1886년 관련하여 여행기를 펴낸 작가이다.

류소의 마스터 디스틸러는 엘런에 있는 훌륭한 증류기실에서 생산할 증류주를 완벽하게 하는 데 공을 들이느라 여러 달을 보냈다. 그는 숙성 기간이 짧은 증류주도 충분히 훌륭하게 만들 수 있다고 생각했고, 또 그런 술을 만드는 데 열정적이었다.

"2년이나 2년 반 만에 정말로 훌륭하고 마실 만한 증류주를 생산하기로 했다면 곡물 선택, 발효, 증류소 환경 조정 등을 살피면 됩니다. 풍미에 영향을 줄 수 있도록요. 증류주에 어울리는 오크통을 마련하고 숙성 창고 환경도 그에 맞춘다면 짧은 기간에 멋진 풍미를 지닌 증류주가 탄생하지 못할 이유가 없습니다."

브루독의 지원을 받는 이 증류소는 이미 론 울프 진과 보드카를 출시했다. "이 증류소를 설계할 때 단순히 싱글 몰트위스키나 그레인위스키만 만들도록 하지는 않았습니다. 또 그렇게 되지 않게 확실히 해뒀고요. 우리는 여러 스타일의 증류주도 생산할 수 있습니다." 키어즐리가 말했다. "바로 옆에 세계 수준의 양조 시설이 있어 행운이죠. 브루독의 옛 양조장은 우리가 쓸 워시를 생산할 겁니다. 매싱과 발효 과정에서 생기는 변화와 조화를 이룰 수 있겠죠. 증류소는 정말로 기민하고, 유연하고, 다양한 역량을 지니고 있습니다. 전 세계의 서로 다른 위스키 스타일을 우리 방식으로 해석할 수 있죠. 하지만 궁극적으로 우리는 그 모든 변형을 다 아우르는 우리 증류소만의 고유한 스타일을 만들 겁니다."

키어즐리가 다른 무리와 같은 길을 걷는 데 흥미가 없는 건 분명하다. "론 울프는 자기 방식을 구축할 겁니다. 우리 식으로 일을 해낼 거라는 뜻이죠. 제 철학은 바라는 대로 어떤 위스키 스타일이든 증류하는 겁니다. 제게 있어 증류 기술자는 그런 면을 가지고 있어야 합니다. 곡물로 작업하는 건 멋진 일이죠. 하지만 압생트를 만들 때 여러 다른 풍미와 뒤섞인 사탕수수를 써보는 건 어떨까요? 그런 일이 바로 증류 기술자의 소관입니다. 다른 스타일의 술을 탐구하는 것도 중요해요."

증류 기술자들은 자신의 지식과 기교를 완전히 새로운 위스키에 전부 쏟아 붓는다. 그러니 소비자가 그걸 마셔보길 바라는 건 당연한 일이다.

"그게 바로 중요한 점이죠!" 키어즐리가 약간 격해진 목소리로 말했다. "그게 바로 우리가 이 일을 하는 이유입니다. 이런 술이 가끔 즐길 호화로운 것이나, 아니면 뭔가 기념할 때만 손을 뻗을 수 있는 게 아니잖아요? 이런 술은 매일 즐겁게 마셔야 할 술입니다. 환상적이니까요! 사람들이 마시는 모든 위스키는 독특한 것입니다. 이 모든 다른 뉘앙스를 탐구할 기회를 놓치는 건 저한테는 시간 낭비입니다." 키어즐리는 프리미엄화에 대한 우려에 관해서도 목소리를 높였다. "그런 일은 결국 소비자를 제한하는 겁니다. 저는 단 한 사람이라도 소비자가 제가 만든 술을 마시는 데 제약을 받는 그런 상황은 바라지 않습니다. 업계 내부의 하이퍼 프리미엄화는 지속될 수 없어요. 지금도 많이 프리미엄화 된 겁니다. 거기서 대체 어디로 더 나아가려고 합니까? 10년 숙성 위스키에 150파운드를 내야 하는 일이 벌어져야 하나요? 대체 이 흐름은 어디서 멈출까요?" 현금 유동성을 위해 완전히 새로운 위스키 출시 가격을 높이는 일에 관해 그는 정신이 번쩍 들게 하는 경고를 전했다. "제 생각엔 근시안적인 판단입니다. 돈을 금방 벌자고 그렇게 하면 브랜드에 대해 잘못된 분위기가 형성될 수 있어요. 메시지가 완전히 엉뚱하게 전달된다는 뜻이죠."

브루독이 맥주 문화에 파급력을 미쳤던 것처럼 론 울프가 같은 영향을 증류주 업계에 미칠 수 있을지를 논하는 건 아직 이른 일이다. 어쨌든 그들은 재능 있고, 직관적이고, 생각이 깊은 증류 기술자인 키어즐리를 고용했다. 그는 호기심 많은 소비자를 위해 기꺼이 한계를 밀어내고자 한다.

"소비자들은 출처와 신뢰성에 신경 씁니다. 누가 만드는지는 정말 큰 문제입니다. 증류소에서 증류주를 만드는 사람들이 확실하게 보여야 한다는 뜻입니다. 그게 정말 중요한 일입니다. 품질은 모든 걸 입증합니다. 혁신, 실험, 창의성을 펼칠 자유도 중요하죠. 하지만 결국 판단은 무엇이 병에 들었는지를 바탕으로 내려지는 겁니다.”

숙성 연수를 표기하기엔 지나치게 어린 위스키를 생산하는 증류소가 약동하고 있는 것이 바로 이 시대이다. 5년만 흘러도 많은 사람이 숙성 연수가 얼마 되지 않는 위스키를 사고 마시라고 당신을 설득할지도 모른다. 우리는 스코틀랜드의 이야기만 알아봤지만, 비슷한 흐름이 아일랜드, 미국, 일본에서도 퍼지는 중이다. 우리의 잔은 완전히 새로운 위스키로 넘치게 될 것이다.

(2018)

조니 머코믹

개빈 D 스미스

'셰리 오크통 숙성'의 정의는
빈번하게 논의되고 있다.
실제로 어떤 뜻을 지니는지
그다지 고려되지 않은 채.
앞으로 살펴볼 것이지만,
이 정의는 많은 것을 의미할 수 있다.

'셰리드sherried', '셰리 캐스크 머츄어드sherry cask matured', '셰리 캐스크 시즌드 sherry cask seasoned'라는 표기가 있는 스카치위스키엔 뭔가 호화롭고 사치스러 운 느낌이 있고, 이런 느낌 때문에 그런 위스키엔 높은 가격이 붙는다. 하지 만 그런 위스키가 숙성되는 방식에 관해 우리는 실제로 얼마나 많이 알고 있을까? 분명 그런 위스키는 전부 한때 셰리 와인을 내부에 담은 오크통에 서 숙성뇌었을 것이다. '셰리 오크동'은 '셰리 오크통'이다. 그렇지 않은가? 앞으로 살펴볼 것이지만, 현실은 그보다 훨씬 더 복잡하고, 미묘하다.

대부분의 소비자들은 이렇게 생각한다. 위스키를 숙성하는 데 쓰인 셰 리 오크통은 스페인 와인 양조장에서도 셰리 와인을 숙성하는 데 활용되 었을 거라고. 하지만 소비자가 생각하는 그런 오크통, 즉 '보데가 캐스크 bodega casks'라고 하는 와인 양조장에서 셰리 와인을 숙성할 때 쓰는 오크통 은 비교적 소수이다. 오히려 대다수의 셰리 오크통은 향후 위스키 숙성에 사용하고자 의도적으로 셰리 와인을 '묻힌(seasoned)' 것이다. 그들은 셰리 와인 숙성의 부산물이 아니다.

마찬가지로 우리가 '셰리 오크통'에 관해 말할 때 오크통에 묻히거나, 혹은 스페인의 와인 양조장에서 숙성된 셰리 와인 스타일도 이후 오크통 에서 숙성될 위스키에 서로 엄청나게 다른 영향력을 행사한다. '셰리 오크 통'은 유럽산일까, 미국산일까? 이 역시 서로 다른 고유한 특성을 위스키에 부여한다. 마지막으로 '셰리 오크통 숙성'이라고 하면 셰리 오크통에 '내내' 숙성된 것일까, 아니면 처음에는 버번 오크통에 숙성되었다가 셰리 오크 통에 일정 기간의 2차 숙성, 혹은 단기간의 '마무리 숙성'을 거친 것일까?

화이트 앤 머케이Whyte & Mackay의 마스터 블렌더이자 달무어 싱글 몰트 위스키를 만드는 리처드 패터슨은 다음처럼 분명하게 말했다. "많은 소비 자가 셰리 오크통이 어떻게 활용되는지 잘 모릅니다. 그저 셰리 오크통에 위스키가 숙성되었다면 더 '나아지는' 걸로 생각할 뿐이죠. 세계를 돌아다

개빈 D 스미스

니며 시음회를 주관할 때 종종 셰리가 무엇인지 설명해야 할 때가 있습니다. 특히 극동 지역에서요."

스카치위스키 업계의 셰리 오크통 활용은 스페인 주정 강화 와인인 셰리를 향한 영국의 어마어마한 사랑과 역사적으로 불가분하게 연결되어 있다. 셰리 와인은 오크통에 담겨 수입되었고, 그대로 상인이나 바에 팔리거나 아니면 영국에서 병입되었다. 비워진 통은 거의 가치가 없었으며, 당연히 스페인으로 돌려보낼 일도 없었다.

문제의 오크통은 '수송용 오크통'이라 알려진 것으로, 지역에서 조달한 스페인산 오크통으로 만든 것이었다. 스페인 와인 양조장은 그보다 더 비싼 미국산 오크로 '보데가 캐스크'를 만들어 셰리 와인을 오랫동안 숙성했다.

이렇게 남아도는 수송용 오크통은 스카치위스키 업계와 궁합이 아주 좋았다. 19세기 후반 동안 수송용 오크통 활용은 기하급수적으로 늘어났고, 스카치 싱글 몰트위스키의 플레이버 프로파일은 셰리 와인을 담았던 수송용 오크통 덕분에 현저하게 향상되었다. 심지어 이런 오크통들은 위스키를 여러 번 담기도 했다. 하지만 영국이 셰리 와인에 보내는 사랑은 점점 약해졌고, 스카치위스키 증류업자들은 수송용 오크통을 구하기가 점점 힘들어졌다. 게다가 연이어 스페인 내전(1936~1939)이 발발하면서 수송용 오크통은 거의 찾아볼 수 없게 되었다. 동시에 미국에서도 1938년 3월 버번 위스키는 오로지 새 오크통에서만 숙성할 수 있다는 법이 제정되었다. 그에 따라 셰리 오크통이 영국에서 드물어지자 스카치위스키 증류업자들은 그 빈자리를 풍부한 버번 오크통으로 채웠다. 그렇게 버번 오크통은 스카치 싱글 몰트위스키에 지배적인 영향력을 행사하게 되었다.

하지만 몇몇 전통주의자는 여전히 어떻게든 셰리 오크통을 가져왔다. 맥캘란, 달무어, 글렌파클라스, 글렌드로낙, 하이랜드 파크 같은 싱글 몰트위스키는 전과 다를 바 없이 숙성에 셰리 오크통을 활용했다. 셰리 오크통 부족 현상은 1986년에 들어와 더 심해졌는데, 스페인이 모든 셰리 와인은 반드시 원산지에서 병입해야 한다고 법률로 정했기 때문이다.

이런 조치는 다 낡은 오크통에 활력을 부여하고자 파하레테를 활용하는 기존 관행을 더욱 성행하게 했다. 파하레테는 보통 페드로 히메네스 포도 품종으로 만드는 농밀한 스페인산 와인에 아로페arrope라고 하는 졸인 포도즙을 첨가한 것이었다. 파하레테는 와인은 아니지만 18세기 영국에서 디저트 와인으로서 유명세를 떨쳤다.

스카치위스키 업계의 이야기를 하자면, 파하레테는 진공실眞空室에서 오크통에 '불어넣어졌다(blown)'. 그렇게 해야 오크통의 외층을 뚫고 들어갈 수 있기 때문이었다. 『위스키의 과학과 기술The Science and Technology of Whiskies』을 쓴 JM 필립은 이런 말을 남기기도 했다. "현재 스카치위스키 업계에서 통을 제작할 때 전형적으로 거치는 과정은 혹스헤드 통 하나마다 500밀리리터의 파하레테를, 버트 통 하나마다 1리터의 파하레테를 첨가하는 것이다. 10분에 7프사이그의 압력으로 파하레테가 투입되었으며, 흡수되지 않은 파하레테가 오크통에서 쏟아졌다."

이론상 파하레테는 숙성되는 위스키에 낡은 오크통이 셰리 와인의 특성을 다시 부여할 수 있도록 돕는 단순한 역할이었지만, 실제로는 여러 번 위스키가 채워졌던 오크통에만 사용되지는 않았다. 더 나아가 파하레테는 위스키에 엄청나게 섞여 향과 색(실은 파하레테가 사용된 가장 중요한 이유일지도 모른다)에 영향을 미쳤다. '셰리 오크통 숙성' 위스키는 색이 적절해야 소비자에게 확신을 줄 수 있었기 때문이다.

마침내 1989년 스카치위스키협회는 스카치위스키에 '불법 첨가물'을 넣는 걸 금지했고,• 파하레테도 불법 첨가물이 되었다. 하지만 'E150a'로 알

• 옮긴이 주: 1988년 제정된 법에 따른 후속 조치였다.

개빈 D 스미스

려진 스피릿 캐러멜을 첨가하여 색을 내는 건 계속 허용되었다.

1970년대와 1980년대 동안 증류되고 숙성된 몇몇 셰리 오크통 숙성 위스키는 오늘날 병입되는 셰리 오크통 숙성 위스키와 그 특성이 많이 다른데, 어떤 사람들은 이렇게 된 주된 이유를 파하레테로 꼽기도 한다.

미켈 판 미어스베르겐은 www.maltmaniacs.net에 남긴 글에서 이렇게 단언했다. "과거 셰리 오크통 숙성 위스키는 더욱 강렬하고 크리미했으며 때로는 엄청나게 불쾌한 날카로움이 있었다." 이에 대해 타당하고 다양한 이유를 탐구한 판 미어스베르겐은 다음과 같은 결론을 내렸다. "우리가 그토록 좋아하던 옛날 셰리 오크통 숙성 위스키에서 드러나는 특징은 대부분 파하레테에서 생겨난 것이며, 이 사실에 나는 입맛이 쓰지 않을 수 없다."

파하레테가 금지되다

파하레테가 금지되었을 당시 몇몇 스카치위스키 증류업자는 셰리 오크통을 안정적으로 확보하고자 스페인 통 제작자 및 와인 양조장과 함께 보급 계획을 시행하는 중이었다. 이런 계획은 그을린 새 오크통에 비교적 숙성된 지 얼마 안 되는 셰리 와인을 '묻히는' 일을 포함하는 것이었다. 이런 셰리 와인은 여러 차례 사용되었으며, 이후 증류되어 셰리 와인 식초가 되었다.

이렇게 셰리 와인을 묻히는 일은 나무에서 바람직하지 않은 요소를 제거하는 효과가 있다. 예전에 위스키 숙성에 활용된 '수송용 오크통'에 담긴 셰리 와인은 지금과는 달리 숙성된 것이라 바로 마실 수 있었다. 이런 점은 '예전' 셰리 오크통 숙성 위스키와 지금의 것 사이에 나타나는 핵심적인 차이를 설명할 수 있을지도 모른다.

나무에 관해 언급하자면, 스카치위스키 업계의 그 어떤 회사도 에드링턴보다는 진지할 수 없다.

이유를 말하자면 이렇다. 에드링턴은 셰리 오크통 숙성과 관련하여 가장 유명하고 가장 잘 팔리는 두 가지 위스키인 하이랜드 파크와 맥캘란을 소유한 회사이다. 특히 맥캘란은 부분적으로는 셰리 오크통 활용으로 인해 세계에서 알아주는 싱글 몰트위스키로 명성을 굳혔다. 오늘날 에드링턴은 스코틀랜드로 수입되는 모든 셰리 오크통 중 95% 정도를 가져간다.

에드링턴의 스페인 관련 사업 부문 책임자이자 마스터 오브 우드Master Of Wood인 스튜어트 먹퍼슨은 관련하여 이렇게 언급했다. "명세서에 따르면 에드링턴은 매년 제조되는 셰리 오크통을 가장 많이 사들입니다. 지금 셰리 오크통의 시장가는 500리터 버트 통 기준으로 1천 파운드 내외입니다."

"스페인에서 우리는 헤레스 지역(스페인 셰리 와인의 '수도'이다)에 있는 여러 통 제작자와 협업 중입니다. 셰리 와인을 오크통에 담는 작업을 맡은 주요 와인 양조장은 곤잘레스 비아스와 윌리엄스 앤 험버트입니다. 물론 소규모 가족 경영 와인 양조장 여러 곳과도 협업 중입니다. 우리가 쓰는 모든 오크통은 요구한 바에 따라 제작됩니다. 그을리는 작업을 하는 시기, 그을리는 강도, 목재의 사양 등을 전부 우리가 결정한다는 뜻이죠."

"오크통에 담는 올로로소 셰리 와인은 최소 2년 숙성된 걸 사용한다고 정해져 있습니다. 우리는 활용할 통에 드라이한 올로로소를 담아달라고 지정했습니다. 이렇게 하는 데엔 여러 요인이 있기 때문입니다. 근본적으로는 와인 생산 때문입니다. 올로로소는 언제나 다른 것들보다 더 많은 양을 구할 수 있습니다. 올로로소를 토대로 하는 와인이 많기 때문입니다. 또 다른 요인으로는 올로로소가 알코올 도수가 약간 높고, 산화가 되어 있다는 점을 들 수 있습니다. 산화되지 않고 알코올 도수도 낮은 피노와는 그런 점에서 다르죠. 오래된 와인(올로로소)을 활용하면 나무에서 추출물

개빈 D 스미스

도 덜 빠지게 되는데, 그렇게 되면 위스키 숙성에 이득이 되는 몇몇 화합물도 그대로 남게 됩니다."

에드링턴의 오크통은 올로로소 셰리 와인을 18개월 동안 담아두었다가 비운 뒤 스코틀랜드로 보내진다. 오크통의 약 70%는 유럽산, 약 30%는 미국산이다. 후자의 경우 오하이오 주에서 나무를 베고, 건조한 다음 통널 상태로 만들어 헤레스로 운송된다. 헤레스 통 제작자들은 이 통널로 오크통을 만든다.

먹퍼슨은 관련하여 이렇게 말했다. "두 가지 오크의 주된 차이는 색과 풍미 특성에 연관되어 나타납니다. 종이 다르니까 특정 화합물로 인한 차이일 수 있겠죠. 유럽산은 나뭇결에 틈이 없으며, 다공성 구조가 더 확연합니다. 고도로 나타나는 타닌은 말린 과일, 계피나 육두구 같은 향신료, 더 나아가 초콜릿 풍미까지 부여하죠. 미국산은 위스키에 밝은 색을 부여하며, 바닐라, 꿀, 견과류, 생강 특성이 나타나게 합니다."

맥캘란이 셰리 오크통과 오랜 유대를 맺고 있다면, 달무어도 마찬가지이다. 한때 증류소 소유주였던 앤드루 머켄지는 다른 경쟁자들보다 훨씬 더 오래 위스키를 숙성하는 것에 자부심을 느꼈다. 1882년 작성된 기록으로 보면 머켄지는 자신의 위스키를 최소 12년 숙성했다고 한다. 하지만 그는 이보다 더욱 길게 위스키를 숙성하기도 했다. 1878년 증류된 위스키는 1890년 새 오크통(달무어에서는 '디스틸러리 우드'라고 했다)에서 '셰리 우드(셰리 오크통)'로 옮겨졌다. 이 위스키는 18년을 셰리 오크통에서 더 숙성한 뒤 30년 숙성 제품으로 병입되었다. 더 이른 사례를 들어보자면, 1868년 증류한 위스키는 1880년 디스틸러리 우드에서 셰리 우드로 옮겨졌고, 마침내 1891년 23년 숙성 제품으로 병입되었다.

앤드루 머켄지는 셰리 와인 양조장 곤잘레스 비아스와 지속적으로 굳건한 관계를 형성했으며, 이 덕분에 고품질 오크통을 얻을 수 있었다. 두 회사의 이런 관계는 오늘날에도 유지되고 있다. 스코틀랜드 쪽에서 그런 관계를 촉진하는 역할을 맡은 사람은 리처드 패터슨이다. 그는 싱글 몰트 위스키 숙성 프로그램에 관해 누구보다 열정적인 모습을 보이고 있다.

패터슨은 관련하여 이렇게 말했다. "주식회사 엠페라도르는 2014년 화이트 앤 머케이를 인수했는데, 우리 회사는 셰리 와인 분야에서 엄청난 존재감이 있습니다. 하비스•와 가비스◆를 전부 소유하고 있거든요. 하지만 우리가 쓰는 오크통 대다수는 곤잘레스 비아스에서 가져옵니다. 우리는 독점적으로 그들의 아포스톨레스와 마투살렘 오크통을 쓰고 있어요. 둘 다 전엔 30년 된 셰리 와인을 숙성하던 물건입니다. 우리는 페드로 히메네스 셰리 와인을 담았던 오래된 오크통도 그들에게서 받고 있습니다."

"아포스톨레스와 마투살렘 오크통은 전부 양조장에서 받아옵니다. 셰리 와인을 숙성하는 데 썼던 양조장의 진짜 오크통인 거죠. 우리는 일부 오크통에 셰리 와인을 묻혀서 가져오기도 합니다. 통을 만들고 그 안에 아모로소 셰리 와인▪을 채우죠. 그리고 1년 이상 와인 양조장에 보관합니다. 이런 아모로소는 8년에서 15년 숙성된 겁니다. 우리는 통 제작자에게 3밀리미터, 4밀리미터, 더 나아가 5밀리미터 그을려 달라고 요구합니다. 오크통은 미국산과 유럽산을 모두 쓰고 있습니다."

패터슨은 다음처럼 강조했다. "그냥 아무 셰리 오크통이어서는 안 됩니다. 셰리 오크통을 쓰는 게 즉효약은 아니에요. 위스키에 맞는 셰리 와인 스타일을 찾아야 합니다. 마투살렘 오크통의 묵직함은 달무어의 DNA와 100% 친화적입니다. 미디엄에서 풀 바디의 무게감에 풍성하고 초콜릿을

● '존 하비 앤 선즈'를 줄여 부르는 말.
◆ 스페인 헤레스의 셰리 와인 양조장 '보데가스 가비'를 뜻하는 다른 명칭.
▪ 아모로소 셰리는 피노, 아몬티야도, 올로로소 같은 드라이한 셰리 와인에 페드로 히메네스나 모스카텔 같은 스위트한 셰리 와인을 섞은 것. 비율은 셰리 와인 양조장인 '보데가'마다 다르며, 아모로소는 아보카도 혹은 리치, 돌체로 불렸으나 현재는 미디엄 혹은 크림으로 명칭이 정립되어가는 추세이다.

개빈 D 스미스

입힌 오렌지 느낌이 있는 달무어와 완벽하게 맞는다는 뜻이죠. 특히 마투 살렘 같은 셰리 와인 스타일은 오래 숙성한 달무어와 아주 잘 맞습니다. 셰리 와인과 대등하게 맞서려면 위스키에 힘과 구조가 있어야 합니다. 특히 장기적으로 숙성할 생각이 있다면 더욱 그렇죠. 올로로소 셰리 와인은 가볍고 꽃 느낌 가득한 위스키를 압도합니다. 셰리 오크통이 생산한 위스키에 적합하다면 써도 좋아요. 하지만 그렇지 않다면 괜히 건드리지 않는 게 좋습니다."

"스페인에서 하는 일에 더해 우리는 아모로소 셰리 와인을 대량으로 스코틀랜드로 가져옵니다. 그러면 우리는 그것을 달무어에 인접한 그레인 위스키 증류소인 인버고든Invergordon과 그에 결합된 복합 단지•에서 오크통에 담는 작업을 합니다. 이런 아모로소 셰리 대부분은 하비스의 것입니다."

패터슨은 다음처럼 말했다. "위스키의 특성을 바꾸려고 셰리 오크통을 쓰는 건 절대 안 될 일입니다. 셰리 오크통은 그저 위스키에 추가적인 특성을 부여할 뿐이에요. 얼마 숙성도 하지 않은 셰리 와인을 오크통에 반년 정도 담아두는 일이 어떤 증류업자에겐 맞을 수도 있습니다. 하지만 우리는 달무어에 그런 식으로 접근하지 않아요. 하지만 수요가 엄청나면 사람들은 원칙을 무시할 겁니다. 얼마 숙성하지도 않은 위스키를 셰리 오크통에 집어넣을 거예요. 빠르게 마무리 숙성을 하려고 말이죠."

"진정성 있게 다가가면, 셰리 오크통을 훌륭하게 쓰는 일은 시간과 비용이 무척 많이 듭니다. 그렇다고 모든 셰리 버트 통에서 바라는 대로 정확한 결과물을 낸다는 보장도 없습니다. 정기적으로 확인하고 향을 맡는 게 필요하죠. 버번 오크통보다 훨씬 예측이 힘든 게 셰리 오크통입니다."

에드링턴과 달무어처럼 글렌파클라스 역시 스페인 와인 양조장과 오

• 증류소의 기본 시설(증류기실, 숙성 창고, 가마동, 플로어 몰팅 시설 등) 외에 병입 시설, 폐기물 처리 시설, 에너지 재활용 시설 등이 있는 곳을 가리킨다.

랜 관계를 유지하고 있다. 그들의 파트너는 헤레스의 미켈 마르틴이다. "1980년대 초부터 그들의 오크통을 활용하고 있습니다." 증류소의 생산 책임자 캘럼 프레이저가 말했다. "매년 우리는 대략 1,120개의 버트 통과 800개의 혹스헤드 통을 사들이는데, 전부 5년 정도 올로로소 셰리 와인을 담았던 것입니다."

1970년대 중반 글렌파클라스는 한 가지 실험을 했는데, 그것은 각기 다른 술을 담았던 10여 개의 오크통을 준비하여 같은 날 위스키를 담고 같은 숙성 창고에서 숙성하는 것이었다. 오크통에 이전에 담겼던 술의 종류 로는 피노 셰리 와인, 아몬티야도 셰리 와인, 올로로소 셰리 와인, 남아공 산 셰리 와인 등이 있었다. 훗날 글렌파클라스 사의 회장 존 그란트는 이런 말을 남겼다. "이 실험을 통해 우리는 올로로소 셰리 와인을 담았던 오크 통이 우리가 가장 좋아하는 풍미를 부여한다는 결론을 내렸습니다."

캘럼 프레이저는 이런 말을 덧붙였다. "저는 세컨드 필• 오크통을 활용 하는 걸 선호하는데, 퍼스트 필 셰리 오크통은 너무 압도적일 수 있다는 생 각이 들어서입니다. 개인적으로는 원액의 품질이 드러나는 위스키를 마시 는 걸 좋아합니다만 우리 증류소는 세컨드 필, 써드 필, 포스 필 오크통을 쓰는 것과 마찬가지로 몇몇 퍼스트 필 오크통을 쓰기도 합니다. 우리가 이 렇게 할 수 있는 이유는 위스키 혼합이 전부 증류소에서 이루어지기 때문 입니다. 이는 우리 증류소가 위스키를 채운 모든 오크통에 관한 이력을 완 벽하게 정리하고 있다는 뜻이기도 합니다."

글렌파클라스가 올로로소 셰리 오크통을 전문적으로 다룬다면, 애버 딘셔 주 포그에 있는 글렌드로낙 증류소GlenDronach Distillery는 올로로소 셰리 오크통과 페드로 히메네스 셰리 오크통 두 가지로 작업하는 경향이 있다.

• '필(fill)'은 싱글 몰트위스키 숙성에 사용된 횟수를 칭하는 표현이다. '퍼스트 필' 오크통은 '세컨드 필' 오크통보다 풍미 를 내는 화합물의 수준이 더 높다. 오크통에 싱글 몰트위스키를 채울 때마다 그 영향력은 감소한다.

마스터 블렌더 레이철 배리는 다음과 같이 말했다. "글렌드로낙은 안달루시아 지역에서 가져온 스페인산 셰리 오크통에만 위스키를 숙성하는 일에 자부심을 가지고 있습니다. 구체적으로 말하면 페드로 히메네스와 올로로소에만 집중하는 거예요. 이 오크통들은 위스키 숙성에 활용할 수 있는 오크통 중 가장 큰 종류이며, 극도로 다공성이 높아 나무와 위스키 사이의 상호작용을 최고 수준으로 높여줍니다. 스페인산 오크통에서 나타나는 고도의 타닌 역시 글렌드로낙이 지닌 풀 바디의 무게감, 늘 풍성한 특징을 증진시킵니다."

리처드 패터슨이 달무어에 그랬던 것처럼, 배리는 글렌드로낙이 셰리 오크통에 잘 맞는다고 했다. "진정한 하이랜드 스타일이니까요. 묵직하고 강건한 글렌드로낙의 원액은 셰리 오크통에서 장기 숙성하기에 완벽한 조건을 갖추고 있습니다."

그녀는 덧붙여 이렇게 말하기도 했다. "우리는 최고 품질의 스페인산 셰리 오크통을 더 많이 공급받을 수 있었고(사업에서 막대한 투자가 필요한 부분이다), 이는 가장 풍성하고 가장 뛰어난 잘 숙성된 싱글 몰트위스키를 만들어 내는 데 크게 이바지했습니다. 글렌드로낙 뿐만 아니라, 벤리악과 글렌글라속도 그 혜택을 받았죠."

글렌드로낙 18년은 올로로소 셰리 오크통에서만 숙성되었다. 관련하여 레이철 배리는 이렇게 말했다. "핵심 제품군 중에서 가장 힘이 넘치고, 풀 바디다운 무게감을 보이는 셰리 오크통 숙성 위스키입니다. 올로로소 셰리 오크통 덕분에 건포도와 졸인 과일 같은 풍미가 생겨났죠. 21년은 페드로 히메네스 셰리 오크통과 올로로소 셰리 오크통에서 각각 숙성된 위스키를 혼합하여 만든 것인데, 이렇게 혼합한 덕분에 우아함도 생겨나고, 커피 원두와 흑설탕 같은 풍미도 나타나게 되었습니다."

배리는 여러 위스키를 셰리 오크통에 '마무리 숙성'하는 일도 맡고 있다. 예를 들면 피티드 글렌드로낙, 벤리악 17년 페드로 히메네스 셰리, 글렌글라속 리바이벌이 그런 과정을 통해 나온 제품이다. 말하자면 그녀는 셰리 오크통 마무리 숙성을 어떻게 해야 잘할 수 있는지 보여줄 수 있는 이상적인 직무를 맡고 있는 것이다. 관련하여 그녀는 이렇게 단언했다. "'비법'은 양질의 원액이 시작점이라는 걸 확실히 해두는 거죠. 그런 다음엔 원액 특성을 가장 잘 보완할 오크통 종류를 찾아야죠. 원액에 맞는 오크통 품질을 확인해야 하는 건 물론이고요."

'마무리 숙성'이라는 주제에 관해 더 말하자면, 디아지오는 오래전부터 마무리 숙성에 능숙하다는 평판을 받았다. 1990년대 말에 소개된 디스틸러스 에디션 제품군이 바로 그 증거이기도 하다. 처음에는 여섯 가지의 클래식 몰트(크라간무어, 달위네이, 라가불린, 글렌킨치, 오반, 탈리스커)만 디스틸러스 에디션 제품군에 포함되었지만, 나중엔 쿨일라와 로열 로크나가(잠시이긴 했지만)도 포함되었다.

빈티지가 적힌 각각의 싱글 몰트위스키는 가장 잘 맞는 스타일의 셰리 오크통과 짝을 이뤘다. 그렇게 하여 라가불린은 페드로 히메네스 셰리 오크통, 글렌킨치는 아몬티야도 셰리 오크통, 오반은 몬티야 피노 셰리 오크통에 숙성되었다.

디스틸러스 에디션 외에도 디아지오는 셰리 오크통의 영향을 현저히 받은 소수의 싱글 몰트위스키를 출시하기도 했다(매년 출시되는 스페셜 릴리즈에 포함되었던 제품을 제외하고도). 탈리스커 브랜드 포트폴리오에 최근 추가된 제품을 보면 디아지오가 최대한 진정성 있게 셰리 오크통에 충실한 모습이 드러난다.

탈리스커 40년은 '더 보데가 시리즈'의 첫 제품이다. 디아지오 대변인은 관련하여 다음과 같이 말했다. "이 시리즈는 1900년대까지 거슬러 올라가는 셰리와의 오랜 관계를 기념하기 위한 것입니다. 탈리스커 브랜드 포트폴리오에 추가된 이 새롭고 독점적인 싱글 몰트위스키 시리즈는 수집 가분들께 저 유명한 '셰리 트라이앵글*'의 역사적인 와인 양조장들(한때 탈리스커가 오크통을 공급받기도 했던)이 보여주었던 풍미를 제공할 것입니다."

마르코 데 헤레스 지역의 셰리 와인 양조장 '델가도 줄레타'의 셰리 마스터들과 협업한 디아지오 블렌더들은 리필 오크통에 40년 숙성된 탈리스커 위스키를 꺼내 5개의 셰리 오크통에 옮겼다. 이 셰리 오크통들은 이전엔 델가도 줄레타의 40년 숙성 아몬티야도 셰리 와인을 담고 있었다. 디아지오는 마무리 숙성 기간을 밝히지는 않았다.

탈리스커의 글로벌 브랜드 앰배서더 도널드 콜빌은 관련하여 이렇게 말했다. "기록을 살펴본 우리는 1900년대 초까지 찾아보게 되었고, 거기서 탈리스커 위스키를 숙성하는 데 다른 종류의 셰리 오크통이 사용되었다는 걸 발견하게 되었습니다. 당시 델가도는 증류소에 오크통을 공급하는 데 핵심적인 역할을 했습니다."

칼럼 서두에서 지적한 것처럼, 단순 '셰리 오크통'이라는 건 실제로 어디에도 없다!

(2019)

● 옮긴이 주: 헤레스, 엘 푸에르토 데 산타 마리아, 산루카르 데 바라메다를 이으면 삼각형 형태가 되는데, 이를 '셰리 트라이앵글'이라고 한다. 이 삼각형 지역은 유명한 셰리 와인 원산지이다.

위스키에도 감촉이 있다

이언 위즈뉴스키

위스키를 맛볼 때 대다수의 사람은
풍미에 집중하는 경향이 있다.
하지만 위스키엔 더 많은 부분이 있으며,
바로 감촉이란 게 존재한다.
이제부터 왜 위스키가 우리 혀에서
각기 달리 작용하는지 그 이유를
탐구해보도록 하자.
위스키의 감촉을 느껴보자.

우리는 싱글 몰트위스키의 플레이버 프로파일을 분석하고, 그에 관해 심사숙고하고, 이어 판단을 내리는 일을 즐긴다. 그런데 이런 경험을 하는 데 필수적인 요소가 거의 언급되지 않는다는 게 그저 놀라울 뿐이다. "늘 제가 '어떠셨나요?'라고 물으면 사람들은 '비단결처럼 넘어가는군요' 같은 대답을 합니다. 이는 감촉에 관한 언급이지만, 사람들은 보통 온전히 풍미에만 몰두하죠." 화이트 앤 머케이의 마스터 블렌더 리처드 패터슨의 말이다.

나는 풍미에 매료되었지만, 그건 감촉에도 마찬가지이다. 이 둘 사이엔 놀라운 관계가 존재한다. 발렌타인의 마스터 블렌더 샌디 히슬럽은 이렇게 말했다. "제 생각으로는 그 두 가지는 뒤얽힌 것입니다. 감각과 풍미, 여기엔 질감도 포함되어 있죠. 저는 시음기를 작성할 때 '시럽 속 복숭아' 같은 표현을 활용하는데, 이는 풍미와 질감을 그려내기 위함입니다. 사람들은 질감을 생각하지 않지만, 인식하고는 있지요."

개인적으로는 감촉을 풍미를 전달하는 수단인 동시에 풍미를 증진하고 생동감 있게 하는 주된 특질로 보고 있다. 그래서 감촉은 싱글 몰트위스키의 정체성에 필수적인 일부인 것이다.

"저는 감촉을 열렬히 지지하는 사람입니다. 관능을 경험하는 일부잖아요. 그래서 저는 싱글 몰트위스키를 순전히 향과 맛으로만 판단하지 않습니다. 입을 적시는 훌륭한 질감, 밀랍 같은 질감, 거의 기름지다시피 한 진한 버터 같은 질감, 이런 건 전부 제가 바라고 사랑하는 것들입니다." 더글렌모렌지 컴퍼니에서 증류, 위스키 재고 관리와 제품화의 책임을 맡고 있는 빌 럼스던 박사의 말이다.

그의 이런 말은 감촉의 매혹적인 측면, 즉 얼마나 다양한 감촉이 있는지를 잘 강조한다. 한쪽으로는 놀라울 정도로 은은하고 섬세하고 우아하고 매끄러운 감촉이 있는 반면, 다른 한쪽으로는 비단결 같고 벨벳 같고 크리미하거나 즙이 많고 호화로운 감촉이 있다. 몇몇 알코올 도수가 높은

이언 위즈뉴스키

캐스크 스트렝스 싱글 몰트위스키는 무척 섬세한 감촉을 보여주는 데 비해 그보다 한참 도수가 낮은 몇몇 40도 위스키는 풀 바디에 묵직한 감촉을 전하기도 한다. 하지만 같은 알코올 도수를 지닌 싱글 몰트위스키들 사이에서도 감촉은 무척 다양하다. 대체 무슨 일이 있었던 걸까?

윌리엄 그랜트 앤 선즈의 마스터 블렌더 브라이언 킨즈먼은 관련하여 이렇게 말했다. "알코올, 물, 풍미를 내는 화합물은 전부 감촉을 결정하는 데 자기 역할을 합니다. 더 구체적으로 말하자면 감촉은 풍미를 내는 화합물의 혼합과 비율에 따라 달라지기도 합니다. 숙성을 하는 동안에도 그 비율은 계속 변화합니다. 풍미를 내는 화합물이 오크통에서 계속 추출되며 그 수준이 증가하니까요. 오크통이 어떤 화합물을 제공하는지는 그 기원에 따라 달라집니다. 버번 배럴은 틀림없이 미국산이죠. 셰리 오크통은 유럽산이거나 미국산입니다. 미국산은 유럽산보다 풍미를 내는 화합물의 수준이 낮고, 또 그 종류도 다릅니다."

각기 다른 오크통이 감촉에 주는 영향은 새로 증류한 원액의 특성과 질감에 따라서도 달라진다. 물론 이런 원액은 증류소마다 다른 모습을 보인다.

벤리악 컴퍼니BenRiach Company의 마스터 블렌더 레이철 배리는 이렇게 말했다. "새로 증류한 원액은 분명 숙성된 싱글 몰트위스키의 감촉에 이바지하는데, 이런 점은 과소평가 되어 있습니다. 벤리악의 새로 증류한 원액은 부드러운 생동감이 있는데 시트러스 계열 과일의 자극적인 신선함에서 기인한 것이죠. 버번 배럴을 활용하면 이런 부드러움은 한층 더 향상됩니다. 셰리 오크통을 쓰면 부드러움은 그대로 유지되며 약간의 향신료 느낌이 더해지고요. 글렌드로낙의 새로 증류한 원액은 풀 바디에 벤리악보다 더 강건합니다. 이런 특성은 셰리 오크통에서 전달되는 풍미의 깊이와 무게와 조화를 이룹니다. 결과적으로 풍성하고 벨벳 같은 특징이 나타나게 되죠. 하지만 반드시 균형을 잘 맞춰야 합니다. 질감이라는 측면에서 오크통 종류와 새로 증류한 원액의 프로파일 사이엔 가장 효율적인 곳이 있으니까요."

풍미가 어떻게 감촉에 영향을 주는가

오크통에서 나오는 가장 익숙하고 잘 알려진 풍미 중 하나가 바닐라이다. 이는 여러 가지 일을 하는 특성인데, 예를 들면 과일 풍미를 더 풍부하게 한다. 감촉에도 역시 이바지하는 바가 있다.

"바닐린은 보통 유럽산 셰리 오크통보다 미국산 버번 배럴에 더 높은 수준으로 들어 있습니다. 세컨드 필보다는 퍼스트 필 버번 배럴에서 현저하게 더 높죠. 바닐린은 달콤함을 부여하는 건 물론 입안에서 부드럽고, 매끈하고, 둥근 감촉을 느낄 수 있게 하는데, 이는 각 오크통이 기여하는 바닐린 수준에 따라 달라집니다." 브라이언 킨즈먼이 말했다.

샌디 히슬럽은 관련하여 이렇게 말했다. "바닐린은 캐스크 스트렝스 싱글 몰트위스키에도 특히 이바지하는 바가 있습니다. 알코올이 강렬해서 감촉이 무척 따끔따끔할 수 있는데, 바닐린이 달콤함과 크리미함을 더해 상태를 완화해주죠."

하지만 감촉을 형성하는 데 있어 가장 칭송받는 건 늘 타닌이다. 타닌은 싱글 몰트위스키의 구조, 복합성, 바디 형성 측면에서도 칭송받는다.

유럽산 오크는 미국산보다 현저할 정도로 더 높은 타닌을 함유한다. 또한 싱글 몰트위스키 이전에 오크통에 들어 있던 술도 타닌 수준에 영향을 미친다. 예를 들면 높은 알코올 도수를 지닌 버번위스키는 숙성 기간 동안 셰리 와인보다 더 많은 타닌을 오크통에서 추출한다. 이후 스코틀랜드에서 오크통이 싱글 몰트위스키를 숙성하는 데 사용되면 '필(숙성 횟수)'도 타닌 추출에 영향을 미친다. 오크통을 숙성에 활용할 때마다 타닌 수준이 현저하게 감소되기 때문이다.

"퍼스트 필 버번 배럴의 높은 타닌 수준은 풍성하고 둥글둥글한 감촉을 부여합니다. 세컨드 필보다 감촉에 드라이함을 더욱 부여하죠. 2000년 이후 스코틀랜드에서는 퍼스트 필 버번 배럴 숫자가 두드러지게 늘어났습니다." 인버하우스 디스틸러스Inver House Distillers의 마스터 블렌더 스튜어트 하비의 말이다.

필마다 타닌 수준이 감소하는 건 셰리 오크통도 마찬가지이다.

"퍼스트 필 스페인산 셰리 오크통은 엄청난 타닌을 부여합니다. 오크통에서 나오는 향신료 느낌은 벨벳 같고 크리미한 감촉을 증진해주죠. 세컨드 필 스페인산 셰리 오크통은 달콤하고 캐러멜 같은 풍미가 있지만, 매끈하고 기름진 느낌이 덜해요. 약간 가벼운 느낌이죠. 따라서 감촉도 다르고요." 레이철 배리가 말했다.

하지만 타닌에 관한 논의는 두드러진 한계 또한 부각했다.

"가장 좋은 상태라면 타닌은 싱글 몰트위스키 구조의 훌륭한 중추가 됩니다. 모든 다른 풍미가 이 타닌 중추에 붙는 거죠. 하지만 위스키에 있어 타닌은 아주 위험할 수도 있습니다. 위스키를 향상할 수도 있지만, 망칠 수도 있죠. 타닌 수준이 높으면 아리고 쓰게 변할 수도 있으니까요." 빌 럼스던 박사가 말했다.

감촉에 영향을 미치는 또 다른 핵심적인 요소는 긴 사슬을 지닌(여러 분자로 구성된) 풍미 화합물인 지방산 '에스테르'이다.

"고도의 지방산 에스테르는 매끄럽고 부드러우며 우아한, 그야말로 멋진 감촉을 부여합니다. 하지만 싱글 몰트위스키마다 지방산 에스테르 수준은 극적으로 다릅니다." 스튜어트 하비가 말했다.

이런 가변성은 생산 체제의 단계가 증류소마다 다르기 때문에 생겨난다.

레이철 배리는 관련하여 이렇게 말했다. "지방산 에스테르는 발효 때부터 생겨납니다. 스테인리스 워시백보다는 나무 워시백을 쓸 때 더 많이 생기고, 발효 시간이 길면 길수록 더 생겨나죠. 지방산 에스테르는 이후 증류 과정을 거치며 조금 떨어져 나갑니다. 크고 육중한 분자라서요. 마찬가지 이유로 초류, 중류, 후류를 받아내는 과정에 따라 지방산 에스테르 수준이 달라질 수 있어요. 글렌드로낙처럼 지방산 에스테르가 더 많은 싱글몰트위스키는 풀 바디 감촉을 띠는 경향이 있죠."

잘 숙성된 싱글 몰트위스키의 프로파일이 얼마나 다양한 특성을 지닐지를 결정하는 또 다른 필수적인 요인은 바로 시간이다.

리처드 패터슨은 그에 관해 다음처럼 말했다. "얼마 숙성하지 않은 위스키는 생동감이 넘치지만, 따끔거리고 매캐한 감촉을 드러낼 수 있습니다. 7년, 8년, 9년이 지나면 활기가 넘치던 초기 단계를 지나 요령 있게 변하죠. 질감은 부드럽게 변하고 덜 공격적이 됩니다. 이것이 바로 오크통에서 추출된 풍미 화합물 덕분에 생겨난 결과입니다. 증발도 함께 힘을 썼죠."

특정 세부 사항에 집중하는 건 늘 매혹적인 일이지만, 반드시 더 넓은 맥락을 고려해야 한다.

"숙성 창고 바닥 같은 습한 환경에서는 감촉이 약간 더 육중하게 변합니다. 하지만 비교적 서늘하고 건조한 숙성 창고 꼭대기에서는 질감이 더 우아하게 변하죠." 리처드 패터슨의 말이다.

우리는 질감을 어떻게 인지하는가

싱글 몰트위스키가 선보여야 하는 것이 무엇이든 간에 그런 특징을 어떻게 인지해야 하는지는 의문으로 남는다. 우리의 기호는 제각각이고, 같은 싱

이언 위즈뉴스키

글 몰트위스키에서 비슷한 풍미를 찾아낼 수도 있고, 다른 풍미를 찾아낼 수도 있다. 그러니 같은 싱글 몰트에서 개인이 느끼는 감촉은 다양하게 인지된다고 보는 것이 논리적이다.

싱글 몰트위스키에서 특징을 확인하는 일은 팀 활동과 무척 비슷하다. 혀의 수많은 미뢰가 동원되는데, 전부 온갖 풍미를 감지할 수 있다. 싱글 몰트위스키를 시음할 때 향은 입천장에서 목과 비후의 경로(입에서 코까지에 이르는 전달 기관)를 지나 후각에 이른다.

"혀와 후각은 뇌에 독자적으로 메시지를 보냅니다. 어떤 일이 벌어지고 있는지 알려주고자 모든 데이터를 정리하는 거죠. 하지만 풍미 감지 측면에서 코는 입보다 훨씬 앞서 있고, 뇌는 혀가 인지하는 걸 확인하는 데 후각 신호를 활용합니다." 더 마케팅 클리닉의 미각 심리학자 그레그 터커가 말했다.

후각은 놀라울 정도로 신뢰받고 있지만, 그럼에도 불구하고 감촉을 가늠하는 데 쓸 수는 없다. 이는 미각이 할 일이다. 하지만 그 일을 하는 건 미뢰보다는 신경계이다.

"신경계는 열, 온도, 질감을 감지하여 순식간에 그들을 정리하고 뇌에 메시지를 보냅니다. 혀에 있는 신경은 입에 있는 액체의 느낌을 감지할 수 있는 촉각 요소를 뇌에 제공하죠." 그레그 터커의 말이다.

감촉의 또 다른 놀라운 측면은 싱글 몰트위스키가 풍미를 연속적으로 드러낼 수 있는 것처럼, 질감도 마찬가지로 진화할 수 있다는 점이다. 나는 종종 처음엔 부드러웠던 감촉이 곧 변화하는 걸 느꼈다. 부드러운 서곡이 질감의 교향곡으로 이어진 것이다.

예로 시트러스 계열 과일 느낌이 나타나면 촉촉한 질감을 불러일으킬 수 있다. 시트러스 계열 과일 풍미가 '물결'처럼 갑자기 미각 전반에 펼쳐지며 영향을 줄 수 있다는 뜻이다. 바닐라 풍미는 종종 크리미한 질감에 의해 두드러진다. 풍부한 풍미는 호화로운 질감을 드러낼 수 있다. 드라이함(풍미는 물론 감촉으로도 여겨질 수 있다)은 과한 감촉과 대조적이며, 서로를 효과적으로 상쇄할 수 있다. 그렇다면 이런 진화 뒤에는 무엇이 있는 걸까?

"스카치위스키는 복합적인 풍미를 취합하여 전달하는 능력이 있고, 지금 누리는 영광의 일부분은 그 덕분입니다. 비록 풍미 그 자체도 마찬가지로 연관성이 있고 감촉의 인지에 영향을 미치긴 하지만요. 제가 퍼지* 풍미를 감지했다면, 질감 역시 더 두껍게 나타날 겁니다. 이는 입이 얼마나 불완전한 감지 체계인지를 드러내는 것이죠." 그레그 터커가 말했다.

레이철 배리도 거들었다. "시음할 때 감촉이 변하는 걸 느끼는 건 부분적으로는 인식 때문이죠. 하지만 위스키에서 물리적으로 변화가 일어나기도 합니다. 상온에서 입에 들어가 데워지면 그 과정에서 휘발성 물질(풍미를 내는 화합물)이 방출되고, 그렇게 되면 결과적으로 감촉에 영향을 미치게 되는 거죠."

우리가 풍미와 감촉을 어떻게 인지하는지는 위스키에 물을 넣을지(넣는다면 정해진 소량만) 말지에 대한 중대한 결정에 영향을 받기도 한다. 희석은 다양한 영향을 미친다. 알코올 도수가 줄어들면서 물과 알코올의 균형이 변화하고, 마찬가지로 플레이버 프로파일과 감촉도 변한다.

리처드 패터슨은 관련하여 이렇게 말했다. "저는 캐스크 스트렝스로 싱글 몰트위스키를 마시며 시음기를 남길 때 어떤 다른 풍미가 명확히 드러나는지 살펴보려고 물을 첨가합니다. 알코올 도수가 높은 위스키는 혀의 감각을 잃게 할 수 있기 때문에 희석할 필요가 있습니다. 그런데 균형을 맞추는 건 까다로운 일입니다. 특히 21년 이상 숙성된 위스키들은 더 그래요. 저 정도 숙성되면 위스키는 물을 견딜 힘이 없습니다."

---

* fudge, 설탕, 버터, 우유로 만든 연한 사탕.

　　　　　　　　　　　　　　　　　　　　　　　이언 위즈뉴스키

싱글 몰트위스키를 처음엔 있는 그대로 감촉과 풍미에 집중하며 시음했다가, 이어 물을 한 방울 떨어뜨리고 다시 시음하고, 또다시 같은 과정을 반복하며 감촉과 플레이버 프로파일이 어떻게 진화하는지 관찰하며 자신의 미각에 가장 잘 맞는 방법을 찾아내는 과정이 있는데, 나는 늘 이를 매혹적이라고 생각했다. 다만 이 방법은 같은 잔을 여러 개 준비하여 같은 양의 위스키를 따르고 잔마다 희석 정도를 달리하는 식으로 진행하는 게 이상적이다. 같은 잔에서 이 일을 수행하고자 한다면 계속 줄어드는 위스키의 양도 고려해야 하기 때문이다.

싱글 몰트위스키가 제공하는 바를 정확히 알려면 인내가 필요하다.

리처드 패터슨은 이에 대해 다음처럼 말했다. "입속에서 충분히 길게 위스키를 머금고 있는 게 중요하죠. 감촉과 다른 풍미를 온전히 조사하려면 시간을 들여야 합니다."

지당한 말이다. 우리는 모두 온전히 위스키를 조사해야 한다. 감촉에 관해 말해야 할 게 정말로 많기 때문이다. 우리는 감촉에 관해 말하기 시작해야 한다.

(2019)

위스키 수집가들의 재테크

조니 머코믹

최근 몇 년 동안 사람들이
희귀한 위스키 수집에 보이는 관심은
마치 들불처럼 순식간에 퍼져나갔다.
이제 사람들은 이 황금색 액체를 사고팔 수 있는
귀한 상품으로 여기게 될 것이다.
몇몇 사람은 투자에 비해 많은 수익을
올릴 기회로 위스키를 바라보고 있지만,
다른 일부는 위스키의 혼이 사라지는 중이라고
생각하고 있다.

경매장 뒤편에서는 전화로 입찰하는 사람, 그리고 대리인을 통해 미리 최고 입찰 금액을 걸어둔 두 사람 간의 삼자 경쟁이 펼쳐지고 있었다. 때는 2018년 5월 18일. 금요일 늦은 오후에 드높은 퍼시픽 플레이스 건물 안에 있는 본햄스 홍콩 갤러리Bonhams Hong Kong Gallery에서 희귀한 위스키 하나를 놓고 경매가 진행되고 있었다. 입찰액은 점점 올라갔고, 나긋나긋하게 사지를 움직이는 경매사는 전화 입찰자가 선두를 차지할 때마다 손바닥을 활짝 펼쳐 보였다. 입찰가가 500만 홍콩 달러에 이르자 전화 입찰자가 입찰을 포기했고, 남은 경매 경쟁자는 두 사람으로 줄어들었다. 경매사는 입찰가가 700만 홍콩 달러가 되자 페어 워닝•을 선언했고, 혹시 전화 입찰을 통해 관심을 보인 사람이 없는지 알아보고자 동료 직원들의 얼굴을 살폈다. 경매사는 동료들의 짧은 고갯짓을 봤고, 이어 경매장 직원들은 부유한 고객들에게 경매 진행 상황을 중계했다.

그러다 갑자기 경매사가 놀라운 표정을 지었다. 최후의 순간에 666번 팻말을 지닌 한 신사가 가격을 좀 더 올릴 준비가 되었다고 했기 때문이다. 그의 입찰가를 받아들인 경매사는 705만 홍콩 달러에 경매를 마무리했다. 최종가는 미화 1백만 달러를 넘는 금액이었다♦. 쏟아지는 사람들의 박수와 환호 속에 본햄스를 통해 매물로 올라온 '맥캘란 발레리오 아다미 1926년 빈티지 60년'은 경매에 부쳐진 위스키 중에 가장 고가로 낙찰되는 기록을 남기게 되었다.

놀랍게도 위스키만으로 첫 경매가 열렸을 때부터 위스키가 1백만 달러로 판매될 때까지는 30년도 채 걸리지 않았다. 이는 스카치위스키로 신기원을 개척한 엄청나게 중대한 순간이지만, 그런 기록이 수립된 곳은 아쉽게도 홍콩이었다. 맥캘란 아다미와 맥캘란 피터 블레이크 1926년 빈티지

• fair warning, 입찰이 없으면 경매를 마감하겠다는 걸 알리는 행위.
♦ 옮긴이 주: 입찰액에 더해 경매 수수료 등 추가로 지급해야 할 비용이 여러 가지가 있다.

조니 머코믹

60년(아다미보다 근소하게 낮은 가격에 낙찰되었다)을 경매에 올린 전문가에게 있어 이 일은 오랜 세월 준비했던 작업의 완성이었다.

"이 두 제품을 처음으로 마주하게 된 건 2010년 한 유럽인 수집가의 전시실에서였죠. 거의 비슷한 시기에 저는 홍콩에서 첫 위스키 경매를 시작했습니다." 홍콩 본햄스에서 고가 와인과 위스키 분야 책임자로 일하는 대니얼 램이 말했다. 2016년이 되자 두 제품의 주인이 바뀌었고, 새로운 주인은 램에게 접근하여 경매에 부치고자 했다. 이에 램은 그에게 일정을 연기하자고 말했다. 2015년 경매에서 일본 위스키 붐이 일어난 이후 맥캘란 낙찰가는 이제 막 오르기 시작하는 중이었다. 두 사람은 2018년 5월을 이상적인 경매 시기로 보았고, 두 제품은 보도자료와 비디오를 통해 지난 3월 세상에 모습을 드러냈다. 이들은 지난 30년 동안 시장에 보이지 않던 물건이었고, 램은 시장이 이미 두 제품을 받아들일 준비가 되었다고 확신했다.

"틀림없이 관심이 있을 거라고 생각했습니다. 각각 360만 홍콩 달러(미화 46만 달러) 정도가 될 거라고 예측했죠. 당시 경매에서 어떤 술보다 고가였기에 우리는 두 위스키를 예술품처럼 다뤘습니다." 아시아의 잠재 구매자들은 제품을 검토하고자 비행기를 타고 홍콩으로 왔고, 세계의 내로라하는 수집가들에게 소식이 퍼지면서 경매는 탄력을 받게 되었다. "블레이크가 좋은 가격에 낙찰되면 아다미도 그럴 거라는 걸 알았죠. 그래서 우리는 블레이크를 경매 중간에, 아다미를 맨끝에 배치했습니다."

본햄스 홍콩은 지난 몇 년 동안 스카치위스키 가치를 놀라울 정도로 성장시킨 주역이다. 시장이 위스키로 이동하면서 그들의 고객 역시 바뀌었다. "우리는 와인 수집가들의 관심을 받고 있는데, 위스키 수집가들도 새롭게 부상했습니다." 램이 말했다. "위스키를 낙찰받는 80% 정도의 사람이 개인 수집가인데, 투자나 개인 소비를 위해 위스키를 사들입니다. 반면 와인을 낙찰받는 대다수는 딜러, 소매상, 식당입니다. 램은 현재 위스키 경매 시장의 40%가 오로지 투자 목적으로 거래된다고 추정한다. "여느 수집품과 마찬가지로 위스키에서도 투자를 정당화하려면 지식과 열정을 갖춰야 합니다. 자잘한 실수를 저지르거나 실험을 해보는 것도 때로는 필요하죠. 우리는 중국, 베트남, 라오스, 캄보디아 같은 떠오르는 위스키 시장에 집중하고 있습니다. 이런 시장의 부유한 위스키 팬들은 직접 소비하고자 위스키를 사들이는 경향이 있고, 최고 위스키를 사들일 재력도 있습니다."

위스키 애호가들은 단순히 호기심으로 위스키를 마시다가 열정적인 위스키 투자자로 변하게 되는데, 그렇게 변하는 속도는 더욱 빨라지는 중이다. 위스키 옥셔니어의 이사 션 머글론은 다음처럼 증언했다. "제 생각에 사람들은 훨씬 빨리 그 과정을 거칩니다. 그들은 위스키에 투자하면 돌아오는 수익이 어떤지 무척 빠르게 알아챕니다. 어떤 위스키가 지금은 200파운드이지만, 내년엔 250파운드가 될 거라는 걸 잘 알기도 하고요. 그런 환경이 많은 위스키 소비자와 비영리 수집가를 영리 수집가로 변하게 합니다. 날이 갈수록 그런 투자 과정은 더욱 투명해지고 있고, 그런 상황에 고무된 사람들은 투자 목적으로 위스키를 수집하기 시작합니다."

그렇다면 위스키를 마시고자 구매하는 것에서 투자하고자 구매하는 것으로 유행이 변한 것인가? "그 둘은 언제나 건전하게 섞여 있었죠." 머글론이 알아들었다는 표정으로 말했다. "사람들은 어느 정도 자신을 속이고 있습니다. 수집하려고 샀다고 생각하지만, 내심 투자하려고 산 거예요. 위스키에 흥미를 보이는 새로운 투자자가 많이 있어요. 제 생각엔 위스키에 조금만 투자하던 몇몇 사람이 이젠 엄청나게 투자하고 있을 겁니다. 이익이 상당하니까요."

최고 반열에 오른 위스키들은 어마어마한 액수에 팔린다. 매달 경매장 웹사이트의 첫 페이지에는 5천 파운드부터 5만 파운드가 넘는 위스키가 등장하는데, 과연 이들을 사들이는 사람은 누구일까? "대다수가 사업체일 거라는 게 제 생각입니다." 머글론이 말했다. "어떤 위스키가 시장 가치가 있으면 종종 사업체가 사들입니다. 사업 목적으로 사들인 쪽은 정가를 매기고 거기서 절대로 움직이지 않아요. 그렇다고 가격을 어떻게든 올려보려고도 하지 않습니다. 그런 위스키의 시장 가치가 폭등하면 열의를 지닌 수집가나 소비자가 어떻게든 사들이려고 해요. 이들은 바라는 물건을 손에 넣기 위해 시장가보다 훨씬 높은 값을 치르는 일도 마다하지 않습니다."

'믹솔로지스트*이기보다는 경제학자이다'라는 말은 다음 세대의 위스키 팬을 현실적으로 나타낼 수 있을 것 같다. 몇몇 수집가는 브랜드, 제품, 가치에 관해 백과사전 수준의 지식을 구축하고 있기도 하다. 이는 투자자에게 더욱 중요한 속성으로, 폭넓은 제품을 몇 년 동안 시음하며 얻은 풍미와 증류소 특징에 관해 전문적인 식견을 쌓은 전통적인 팬의 모습과는 아주 다른 것이다.

"그런 걸 이해하려면 어느 정도 지식과 기술이 있어야 한다는 게 제 생각입니다." 머글론이 인정하며 말했다. "증류소에서 두 가지 제품이 나온다고 했을 때 어느 쪽이 투자 가치가 더 높을까요? 이걸 아시겠습니까? 오늘날 많은 사람이 순전히 투자 관점에서 상황을 바라보고 있습니다."

위스키 펀드에 투자하기

개별 위스키를 거래하는 일은 시간 소모가 심하다. 따라서 몇몇 위스키 투자자는 경매장 너머에서 수익을 내고자 한다. 성공한 정도는 각기 다르지만, 위스키와 관련한 대안 투자 계획은 이미 출범했다. 홀리루드 파크 증류

• mixologist, 칵테일을 만드는 전문적인 기술자.

소의 데이비드 로버트슨이 2013년 선보인 위스키 트레이딩 컴퍼니와 2014년 리케시 키시나니^{Rickesh Kishnani}가 홍콩에 설립한 '플래티넘 위스키 인베스트먼트 펀드'가 그 예이다. 스웨덴에 기반을 둔 싱글 몰트 펀드(SMF)는 이런 사업 중에서 가장 최근에 등장한 것이지만, 창립자이자 최고경영자인 크리스티안 스반테손은 자신의 접근법이 남들과는 다르며, 그것이 위스키 투자자들에게 엄청난 기회와 수익을 제공할 것으로 믿고 있다. 그는 다음처럼 말했다. "이 세상엔 엄청나게 많은 위스키 애호가가 있습니다. 그들은 여러 잡지에서 환상적인 위스키를 보며 꿈꾸던 위스키의 시음기를 읽습니다. 하지만 안타깝게도 이런 위스키에 투자하고, 이런 위스키를 사고파는 일은 오늘날 억만장자나 할 수 있는 것입니다. 하지만 우리는 그런 일의 일부가 될 수 있는 가능성을 제공하죠. 그런 투자를 대중화하는 게 이 펀드의 중요한 측면입니다."

스반테손의 아버지는 1970년대 중반에 싱글 몰트위스키 수집가가 되었다. 이는 꼬냑 말고 싱글 몰트위스키를 수집하는 게 어떻겠냐는 스반테손 가문 전체와 잘 알고 지내는 친구의 조언을 받아들인 것이었다. 그렇게 스반테손은 자연스럽게 고급 위스키에 둘러싸인 채로 성장했다.

"싱글 몰트위스키는 늘 주변에 있었고, 저는 늘 그 진가를 올바로 인식해왔죠. 위스키를 느끼는 입맛이야 후천적이었지만요. 스웨덴의 10대 대다수에게 싱글 몰트위스키의 진가를 알아보며 마시는 건 힘든 일입니다. 저와 친하게 지내는 많은 위스키 마니아는 일단 무작정 위스키에 빠져들고 보더라고요. 저는 위스키와 그런 관계를 쌓지 않았습니다." 스반테손은 청년일 때 식당에서 설거지 일을 하며 번 첫 월급을 위스키를 사들이는 데 썼다. "맥캘란을 샀었죠. 지금이야 사람들이 어떻게든 구하고 싶어 하는 브랜드 중 하나이지만, 당시엔 그저 일반적인 위스키였습니다. 그냥 이름이 마음에 들더라고요. 스웨덴 10대의 입장에서 발음하기도 쉬웠고요."

희귀 위스키 대안 투자 계획을 운영하겠다는 생각은 20세기에는 터무니없는 소리처럼 들렸을 것이다. 그때는 1천 파운드를 넘는 위스키가 소수에 불과했고, 관련 경매도 스코틀랜드에서 석 달에 한 번 열렸을 뿐이었다. 스반테손은 위스키의 세계적인 성공을 두 가지 요인으로 압축했다. 하나는 스카치위스키 업계의 효율적인 마케팅, 다른 하나는 SNS의 영향력이다. 스카치위스키 홍보 활동은 라이프스타일을 만들어 냈고, 그 주변으로 문화가 발전했다. "SNS는 수집가들에게 유익했습니다. 수요와 공급을 만들어 냈거든요." 스반테손이 말했다. "스웨덴엔 250개 정도의 싱글 몰트위스키 클럽이 있습니다. 다른 위스키 클럽까지 포함한다면 5배는 더 많아질 겁니다. 하지만 SNS가 없었더라면 우리는 오늘날과 같은 환경을 보지 못했을 겁니다."

"SNS는 또한 우리에게 위스키를 사고파는 데서 생겨나는 위험을 다시 한 번 알려줍니다." 스반테손이 말했다. "스웨덴에서는 위스키를 사고파는 일을 어디에서나 볼 수 있습니다. 샘플을 판매하기도 하고, 병 자체를 팔기도 합니다. 전혀 규제받지도 않고, 부끄러움도 없지요." 스반테손은 본인의 기준으로 자신을 투자자보다는 소비자이자 수집가로 여긴다. "저는 때때로 제가 가진 위스키를 따기도 합니다. 절대 개인적으로 물건을 팔지는 않아요. 그저 사들이고 병을 열 뿐이죠. 정말 있는 그대로 말씀드리는 겁니다."

싱글 몰트 펀드에 관한 아이디어는 2016년 2월 그가 같은 취미를 지닌 위스키 애호가 친구들과 아일라 섬으로 기념 여행을 하는 동안 떠올랐다. 여행을 하던 어느 날 저녁, 당시 벤처 캐피탈에 다니던 스반테손은 자신의 생각을 친구들에게 공유했다. 여행을 함께 간 친구 중 다수가 그와 마찬가지로 금융업에 종사 중이었다.

"무척 흥미로운 시장이지만, 그렇다고 더 쉽게 변하지는 않을 겁니다." 스반테손이 생각에 잠기며 말했다. "분명 이 시장이 유행하고 있지만, 세상에 영원한 상승세라는 건 없으니까요." 그는 여행 중에 친구들에게 이렇게 물었다. "펀드를 만드는 건 어떨까? 국내에 있으면서 규제를 받고, 투명하고, 일반 위스키 애호가들에게 공개된 그런 펀드 말이야. 물론 전문적인 관리를 받으면서 투자해야겠지." 이후 18개월 동안 스반테손은 변호사, 펀드 매니저, 재정 자문가로 구성된 팀을 조직했다. 그들은 대안 투자 펀드를 통제하는 스웨덴의 법이 딱 좋은 조건을 제공한다는 걸 알게 되었다. 다만 특기할 건 스웨덴의 주법 때문에 싱글 몰트 펀드의 투자 조직은 스웨덴에 있고, 운영 조직은 아일랜드의 더블린에 있다는 점이다.

확실히 몇몇 위스키 수집가는 펀드에 돈을 투자하는 걸 망설일지도 모른다. 그들 입장에서는 위스키의 소유권을 가지고 온전히 그것을 통제하는 게 낫다고 생각할 수 있기 때문이다. 하지만 오늘날 소유권은 조금 구식이라고 볼 수 있지 않을까? 소유권 없는 참여는 그야말로 대유행 중이다. 예로 넷플릭스, 스포티파이, 킨들은 공간만 어마어마하게 차지하는 DVD와 CD 박스, 모서리를 접은 소설책들을 담은 박스를 필요 없게 한다. 열어 보지도 않은 온갖 위스키 통으로 집을 채울 필요가 있을까? 정말로? 싱글 몰트 펀드에 투자하면 유리한 점 중에는 펀드 투자자의 수에서 오는 강점, 그리고 다양한 소득층이 쉽게 다가갈 수 있는 접근성이 있다.

"포트 엘렌, 브로라, 혹은 맥캘란을 소유하면 기뻐할 위스키 애호가들은 많습니다. 이들은 정말 대단한 위스키니까요." 스반테손이 말했다. "펀드의 일부가 될 수 있는 기회를 제공함으로써 그들은 이렇게 말할 수 있게 됩니다. '야, 나 저거 가지고 있어.' 사람들은 이런 위스키를 사랑하고, 그것 때문에 삶이 즐겁습니다. 우리는 사람들이 자신의 취미, 그리고 그 문화와 교류할 수 있는 또 다른 방법을 제공하는 중입니다. 위스키 주변엔 그런 마법 같은 세상이 있습니다. 이는 사람들이 알고, 사랑하는 뭔가에 투자하는 또 다른 방법입니다. 누가 구속을 좋아하겠어요?"

조니 머코믹

싱글 몰트 펀드는 1차와 2차 시장, 개인 수집가, 경매에서 나온 물건과 신제품에 투자할 것이다. 그들은 숙성된 위스키가 담긴 통을 사들이는 것에도 점점 흥미를 보이고 있다. 투자자들은 펀드가 활동을 통해 인수하고 보유한 물건에 관한 상세한 정보를 받는다. 스반테손은 다음처럼 약속했다. "펀드가 위스키에 어떻게 투자하는지 모든 과정을 확인할 수 있고, 각각의 투자가 어떤 상황인지 확실하게 알 수 있습니다. 투자자는 펀드 활동의 일부라는 걸 느낄 수 있죠." 싱글 몰트 펀드 같은 사업은 일종의 금고, 그러니까 알라딘의 동굴 같은 곳이 필요하다. 경계심을 풀지 않는 관리인이 보관된 귀중한 위스키를 확실히 지키는 그런 곳 말이다. 나는 영화 「레이더스」에서 인디아나 존스가 들어간 고대 문명의 동굴 같은 방을 떠올렸다. "정말 비슷해요. 그 이미지 좋은데요!" 스반테손이 웃으며 말했다.

싱글 몰트 펀드 투자자들이 추가로 얻는 보상은 자산을 현금화할 때 우선적으로 거부할 수 있는 권한이다. 이는 특히 수집가이자 투자자인 몇몇의 마음을 끌었다. 싱글 몰트 펀드 팀은 다른 펀드처럼 투자에 관한 글을 쓰고, 인수에 관해 그 근거를 설명한다. 투자자는 이들의 투자로 시장에 관해 더 많은 걸 알게 되고, 그들은 좀 더 세련된 수집가가 되며 개인적으로 위스키를 구매할 때도 더 나은 모습을 보일 수 있게 된다. 스반테손은 기대하는 바를 다음처럼 말하기도 했다. "투자자들과 함께 여행도 갈 수 있길 바랍니다. 그렇게 되면 그들은 더욱 흥미를 느끼게 되겠지요. 물론 이 일도 안전하고, 투명하고, 규정된 방식에 따라서 할 겁니다."

보유 투자금 상한을 2,500만 유로로 두고 있는 싱글 몰트 펀드는 새로운 위스키를 출시하는 생산자뿐만 아니라 2차 시장 거래에도 영향을 미칠 잠재력이 있다. 『몰트위스키 이어북』에서 최근 출시된 고가 제품을 볼 때마다 대상 고객이 더는 개인이 아니라 투자 펀드일지도 모른다는 점을 명심해두어야 할 것이다.

"자체 구매력 덕분에 우리는 역량 있는 구매자가 될 겁니다. 제품 가격에 영향을 미치는 세력이 되고자 한다면, 그렇게 되겠죠." 스반테손이 생각을 밝혔다. "우리는 분명 수요와 공급을 증가시켰습니다. 시장에 유동성이 더 늘어났으니까요. 우리는 정확한 시장 가치를 잘 이해하고 있습니다. 하지만 개인은 여러 이유로 우리가 절대 동의하지 않을 고가를 받아들이죠." 위스키 투자 펀드는 다양한 구매 전략을 필요로 하지만, 스반테손은 수집 대상 위스키에 관해 이런 조언을 남겼다. "희귀한 위스키는 두 가지 부류로 나눌 수 있습니다. 하나는 만들어진 것, 다른 하나는 발전하여 그렇게 된 것이죠. 희귀한 위스키로 발전한 게 더 진짜이고, '뽐낼' 가치가 더 높다는 게 현재의 일반적인 인식 같습니다. 시장 관점, 혹은 수집가 관점에서 보면 제품만 진짜면 아무 문제없는 게 아니냐는 말도 있는데, 저는 그렇게 생각하지 않습니다. 소비자로서 저는, 발전하여 희귀품이 된 것을 더 선호합니다. 소비 때문에 희귀해진 것이거든요."

모든 투자가 그렇듯, 위스키 투자에도 불리한 면은 있다. 그런 위험엔 비용, 잠재적인 수익, 변덕스러운 시장, 결정하는 사람들의 전문 지식에 관한 신뢰가 포함된다. "위스키 투자엔 위험이 있습니다. 하지만 우리는 위스키 투자가 가까운 미래에 발전하리라는 무척 긍정적인 전망을 가지고 있습니다." 스반테손이 안심시키려는 듯 말했다. 첫째로 펀드는 영국재정청과 동격인 스웨덴 기관의 통제를 받고 있다. "대안 투자 펀드인 우리는 많은 위험을 수반하는 것에 투자하고 있습니다. 우리는 위험을 통제함으로써 위험 부담은 줄이고 투명성은 더 늘리고자 합니다." 둘째로 펀드에 투자하면 매년 2.5%의 관리 수수료가 나간다. "저희가 보유한 위스키가 직접 엄선한 것임을 잊으시면 안 됩니다. 단순히 서류만으로 거래하고 있지 않습니다." 스반테손이 지적했다. "저는 이것이 타당한 비용이라고 생각합니다. 전문가로 구성된 팀이 다른 어떤 일도 하지 않고 위스키에만 투자하고 있습니다. 시장과 위스키를 분석하고 있죠. 그러니 그런 비용이 발생할 수밖에 없습니다." 싱글 몰트 펀드는 자사의 전문적인 시장 분석 덕분에 투자자들이 개인 수집가들보다 가짜 위스키를 피할 확률이 훨씬 높다고 생각한다. "우리는 지식도 있고, 투자를 적절히 살필 수 있는 수단도 있습니다. 그래서 가짜를 사들이는 일을 피할 수 있죠." 싱글 몰트 펀드는 2018년 투자자들에게 6년 투자 계획을 소개했다. 지금 투자하면 매년 10%의 순수익을 기대할 수 있다는 내용이었다. (예를 들면 1천 파운드를 처음 투자한 사람은 매년 2.5%의 관리 수수료를 제하고 6년 뒤에 순수익으로 484파운드를 받을 수 있다. 같은 기간 동안 싱글 몰트 펀드는 관리 수수료로 218 파운드를 가져간다.) 스반테손은 투자자에게 목표한 수익을 안겨주는 일에 관해 낙관적인 모습이었다. "시장은 과거보다 훨씬 좋은 모습을 보여주고 있습니다. 그렇지만 그걸로 미래를 판단할 수는 없겠죠."

도덕성이 사라졌는가

싱글 몰트 펀드의 출현은 위스키 투자에 관한 다른 모든 것처럼 위스키 성공에 얽힌 진화 과정에서 정상적으로 있을 수 있는 일이다. 하지만 현재 상황에 모두가 만족하고 있는 건 아니다. 위스키 소비자들은 경매나 브랜드에서 직접 판매하는 한정판을 구하는 데 예산을 쓰고 있으며, 위스키 가격은 급등했다. 이는 회사들이 한정판 제품으로 단기 수익을 내는 데 쓰던 빠른 판매 전략을 억제하려고 하기 때문이다. 지역에 있는 위스키 가게에 물건을 사려고 가는 사람들은 점점 줄어들고 있다. 마시려는 생각은 전혀 없으면서 샀을 때보다 4배, 혹은 5배 높은 수익을 기대하며 위스키 애호가 동지의 등을 치려고 한다면 그런 행동에 대한 반발이 있을 수 있을까?

음악 업계에 이와 비슷한 사례가 있다. 애드 시런은 과도한 가격에 공연 티켓을 되파는 2차 티켓 웹사이트에 맞서는 일을 옹호하고 있다. 이 때문에 음악 팬들은 구한 표가 무효가 되었다는 말을 듣고 공연장에서 발길을 돌리고 있는 중이다.

빈스 푸사로는 1983년부터 위스키 소매업자로 일하고 있으며, 파이프주의 쿠퍼Cupar와 세인트 앤드루스St. Andrews에 매장을 가진 독창적인 와인/증류주 소매상 루비안스Luvian's Bottle Shop의 공동 소유주이기도 하다. 도덕성, 정직성, 탐욕에 관해 그가 스카치위스키 생산자들에게 전하는 직설적인 메시지는 명확하다.

"시장을 만드는 건 소비자입니다. 그런데 지금 시장을 만드는 건 당신들입니다. 당신들은 수집가와 소비자의 자리를 빼앗고 돈도 벌면서 그들을 위험한 쳇바퀴에 강제로 집어넣고 있어요. 악순환은 당신들 때문에 생긴 겁니다. 어느 한 군데 사악하지 않은 게 없어요. 수집가와 소비자가 너무 많은 투자를 하고 있기 때문이죠. 당신들은 이런 구조를 만들어 그들을 밀어 넣었는데, 많은 사람이 이렇게 생각하고 있을 겁니다. '내가 여기서 손 뗄 수 있을까?'"

푸사로는 스카치위스키 업계가 13억 병을 판매하여 40억 파운드의 매출을 기록했다고 했다. 이는 위스키 한 병의 평균가가 3파운드 근방이라는 뜻이다. 여기서 부가가치세, 관세는 제외되었으며, 곡물 비용과 숙성 비용은 포함되었다. "위스키는 싼 물건입니다." 푸사로가 말했다. 그는 지나치게 많은 한정판 위스키가 생산되고 있다고 하면서 스카치위스키를 마케팅하는 사람들에게 공급을 줄이라고 조언했다.

"생산자들이 탐욕스럽지 않다면 위스키를 수천 병으로 제한했을 겁니다. 수천 케이스가 아니라요. 그래도 팔 수 있지 않습니까? 이 시장은 그들이 만들어 냈으니까요." 푸사로가 말했다. 그는 요즘에는 때때로 새로운

조니 머코믹

한정판 제품을 배정받더라도 절반만 받는다고 했다. 과잉 생산이 그 이유였다. "생산을 3배, 혹은 4배로 늘려서는 안 됩니다. 특히 숙성 연수 표기가 없는 위스키라면요. 그건 정말 터무니없는 짓입니다. 순전히 탐욕 때문이라고요. 더는 그걸 시장 원리로 생각해서는 안 됩니다." 소매업자로서 그는 점점 자신이 재고만 떠맡는 존재라는 걸 자각하고 있다. "제 가게엔 팔 수 없는 물건들이 있습니다. 처음 광풍이 몰아치고 나면 아무도 그 물건을 원하지 않아요. 부활절이 지나고 부활절 달걀을 파는 것과 같은 겁니다. 대체 그 물건들을 어떻게 처리해야 할까요?"

푸사로는 급등하는 18년, 25년, 40년 위스키의 가격, 그리고 슈퍼마켓에서 지나치게 할인된 12년 위스키의 가격에 절망했다. 입문용 위스키 가격은 받아야 할 가격의 절반이었고, 다른 쪽은 받아야 할 가격의 10배였다. "우리는 기만당하고 있는 걸까요?" 그가 물었다. "생산자들은 소비자의 요구에 부합한 결정이라고 합니다. 하지만 그렇지 않아요. 왜냐하면 생산자들이 사람들을 경매로 몰아넣고 우리 모두가 탐욕스럽다는 걸, 99%는 탐욕스럽다는 걸 깨닫게 해주었기 때문이죠. 저는 이제 베테랑입니다. 이 업계에서 35년을 일했어요. 언제나 위스키 업계에 충실했습니다. 저는 이 훌륭한 술을 홍보했고, 손님들에게 관련된 이야기를 공유했어요. 그런데 이럴 줄 알았으면 위스키 배런*, 패티슨 스캔들♦, 20세기 초에 스카치위스키의 입지를 마련해준 아이리시 위스키의 상황■에 관해서나 더 읽어둘 걸 그랬습니다." 푸사로가 한탄했다. "도덕성이 위스키에서 왠지 모르게 사라진 것 같은 기분이 듭니다."

* 옮긴이 주: 존 알렉산더 듀어나 제임스 뷰캐넌 같은 19세기 후반과 20세기 초반의 기업형 위스키 생산자들을 뜻하며, 긍정적인 평과 부정적인 편이 공존하나 푸사로는 부정적으로 해석하고 있다.
♦ 옮긴이 주: 19세기 말 패티슨 형제를 가리키는 것으로, 두 형제는 보유 주식 부풀리기, 무담보 대출, 횡령 등의 사업 운영으로 관련된 많은 위스키 업계 사람에게 해를 입혔고, 결과는 업체의 줄도산으로 이어졌다.
■ 옮긴이 주: 20세기 초 아이리시 위스키는 블렌디드 위스키로, 소비자 입맛을 잡은 스카치위스키와는 달리 소비자 취향 파악에 실패했고, 설상가상으로 가짜 위스키도 미국과 영국에서 판쳤다.

그렇다면 미래는 어떻게 될까? "왕이 알몸이라는 걸 사람들이 깨달을 때까지 이런 상황은 계속될 겁니다. 일이 지나치게 악화되지는 않을 수도 있지만요." 푸사로가 경고했다. "멈출 때까지 회전목마는 계속 돌 겁니다. '사람 인생을 모조리 깎아낼 수 있기는 하겠지만, 목이 찔리는 건 단 한 번이면 충분하다'는 표현이 있습니다. 전 이 표현을 좋아해요. 생산자들이 하는 일은 사람들의 목을 찌르는 일밖에 없습니다. 조만간 말이 나올 겁니다."

(2019)

조니 머코믹

위스키 거물들이 왕좌를 위협받다

이언 벅스턴

이젠 전 세계 증류소에서
어린 새가 둥지를 떠나야 할 때가 되었다.
'더 빅 파이브The Big Five'라 불리는
5개의 위스키•가 지배하는 세상에서
새로운 위스키는 어떻게
기성 위스키와 비교될 것인가?
선반 자리를 차지하기 위한 싸움은 시작되었다.

• 옮긴이 주: 스코틀랜드, 미국, 아일랜드, 일본, 캐나다산 위스키를 뜻한다.

"인도산 싱글 몰트위스키가 열 가지나 필요할까요?" 로열 마일 위스키스 Royal Mile Whiskies의 아서 모틀리가 물었다. 그는 이 유명한 위스키 소매점에서 영업과 구매를 담당하는 책임자이다. "그러면 열 가지, 혹은 열두 가지의 스웨덴 위스키는요?" 그는 자신이 던진 질문에 바로 답했다. "설마요! 특히 우리 점포와 창고의 값비싼 공간을 차지하려고 한다면 더욱 그렇죠."

바로 여기서 세계의 새로운 생산자들이 기성 시장으로 진입하려고 할 때 직면하게 되는 문제 대부분이 드러난다. 영국 소매업자 관점에서 보면 스카치위스키가 매출 대부분을 차지하고 있고, 따라서 선반 대부분을 스카치위스키로 채우는 건 당연한 일이다. 미국도 사정은 마찬가지일 것이다. 다만 버번과 라이 위스키가 스카치위스키가 차지한 선반에 어떻게든 끼어들어 새로운 손님을 맞이하려고 할 것이다.

이미 확고히 자리 잡은 위스키의 거물들(스코틀랜드, 미국, 아일랜드, 일본, 캐나다)은 가지지 못한 것이 없다. 명성, 전통, 풍부한 재고. 나는 그들이 지닌 견고한 이점 중 세 가지만 말했을 뿐이다. 그렇다면 핀란드, 대만, 호주 등의 새로운 친구들은 어떻게 해야 시장에 진입할 희망을 품을 수 있을까?

그래도 몇 가지 성공 사례는 있고, 그들은 거기서 교훈을 얻을 수 있을지도 모른다.

핀란드 퀴뢰 증류소kyrö Distillery의 최고경영자 미카 리피아이넨은 여러 차례 상을 받은 이 기업이 어떻게 그토록 강한 출발을 했는지 분명하게 알고 있었다. "우리는 핀란드산 통곡물 호밀에 외골수처럼 몰두했습니다." 그가 설명했다. "위스키를 아는 사람들은 통곡물 호밀을 선택하는 게 힘들고 부담이 크다는 걸 알고 있어요. 그래서 이 점에서 매력을 느낀 거죠. 게다가 그렇게 술을 만드는 건 핀란드 전통입니다. 이 말은 우리 이야기가 진실을 토대로 하고 있다는 뜻입니다."

퀴뢰는 2014년 고작 5명으로 시작해서 오늘날엔 30명이 넘는 인원이 그들만의 끈끈한 이야기를 이어나가고 있다. 한 가지 곡물에 집중하는 것처럼 그들은 4곳의 시장에만 노력을 기울였다. 해당 시장은 그들의 고향, 독일, 영국, 미국이었다. 리피아이넨이 말한 것처럼 그 결과 퀴뢰 팀이 각 시장에 머무르는 게 가능했고, 사업 모든 단계에서 밀접하게 대응할 수 있었다.

외국 시장에 진입하려면 치열한 경쟁을 각오해야 하는 건 물론 비용도 많이 든다. 퀴뢰는 이에 독창적인 생각으로 접근했다. 예를 들어 미국의 경우 유행의 최첨단에 있는 뉴욕에도 일부 유통하긴 했지만, 그들은 주로 시카고와 5대호 지역 주변에 집중했다. 그 이유는 이랬다. 과거에 미국으로 온 많은 핀란드와 노르웨이 이민자들이 이 지역, 혹은 더 나아가 미네소타주에 정착했다. 이런 지역들은 다른 미국 시장보다 조금이긴 해도 경쟁이 덜했을 뿐만 아니라 민족의 고국을 향한 기억과 사랑이 여전히 남아 핀란드 브랜드에 미미하지만 고유한 이점을 안겨주었다. 퀴뢰는 이것을 발판으로 성장할 수 있었고, 이렇게 지속 가능하고 지켜낼 수 있는 충성 고객층을 얻게 되었다. 적어도 그들이 주장하는 이론은 그렇다. 어쨌든 아직까지는 그 이론이 유효한 것처럼 보인다.

리피아이넨이 언급한 또 다른 말은 소매업자의 욕구를 고려할 때 참으로 맞는 말이 아닐 수 없다. "'멋진' 제품을 끊임없이 만들어 내는 건 좋은데, 이러면 증류소를 아예 모르는 사람이 증류소를 알기가 무척 힘들게 됩니다."

나중에 아서 모틀리와 인터뷰했을 때 그는 리피아이넨과 정확히 같은 취지로 말했다. 그는 많은 소규모 생산자('신세계New World' 위스키 카테고리만이 아닌, 어느 곳에나 있는 소위 '크래프트' 증류소까지 포함한 것이다)에 관해 이렇게 언급했다. "위스키 행사에서 좋은 모습을 보이려고 지나치게 제품군을 늘리는 면이 있죠. 하지만 소매업자한테는 악몽 같은 행동입니다. 다섯, 혹은 여섯 가지 다른 스타일을 만드는 데 생산량마저 적으면 어떻게 상품을 들여놓으라는 소린지 모르겠어요." 그가 느낀 좌절감은 명확하고, 여기서 나타나는 메시지는 분명하다. 하나만(혹은 극소수만) 하되, 잘해야 한다.

그런 일은 엄청난 지원을 받고 있다면 더 쉬울지도 모른다. 호주의 스타워드 증류소Starward는 2015년 12월에 디아지오의 디스틸 벤처스가 운영하는 '지원 프로그램accelerator programme'의 수혜자가 되었다. 창립자 데이비드 비탤리는 관련하여 이렇게 말했다. "'신세계' 증류소가 보여줄 수 있는 것 한 가지는 원산지에 토대를 둔 매력적인 풍미 본위의 이야기입니다. 우리에게 그것은 위스키를 숙성할 때 사용하는 호주산 와인을 담았던 오크통입니다. 이런 점이 이야기를 쉽게 전할 수 있게 합니다. 극복만 해내면요."

어딘가의 선반을 차지했다고 하더라도 도전은 멈추지 않는다. 아서 모틀리는 언젠가는 일어날 카테고리 전반에 다가올 침체도 생각했다. "저희는 물론 다른 곳도 모든 술을 재고로 둘 수는 없어요. 이미 정통한 소비자들은 점점 선택 기준이 까다로워지고 있고, 자신이 믿는 바에 따라 철저하게 제품을 따집니다." 이후 그는 무엇이 팔리는지에 관한 이야기를 했던 것 같다.

어쨌든 제기되는 또 다른 도전은 가격 책정이다. 이런 위스키들은 필연적으로 비싸다. 인도의 싱글 몰트위스키 브랜드 암루트의 아쇼크 초칼링검은 이렇게 말했다. "스코틀랜드 거물들이 하는 가격 책정을 따라가는 건 참 힘든 일이죠." 이런 점 때문에 바로 이 위스키들이 신중에 신중을 거듭한 선택을 하거나, 아니면 돈이 궁한 소비자의 도박이 되고 만다.

미카 리피아이넨은 퀴뢰 라이 위스키의 다섯 번째 배치를 100밀리리터 병으로만 판매하기로 한 것에 저런 상황도 일부 영향을 미쳤다는 점을 인정했다. 그는 100밀리리터짜리 술에 17유로로는 비싼 가격이라는 데 동의하며 이렇게 말했다. "하지만 큰 부담 없이 새로운 시도를 할 기회이기도 하죠."

포장 비용이 많이 들긴 하지만, 그런 접근법을 통해 더 많은 소비자가 퀴뢰라는 브랜드를 알게 되고, 수집가보다는 실소비자가 호감을 보이게 된다. 2020년에 생긴 더 많은 재고를 이미 위스키를 마셨던 소비자들이 기꺼이 정규 규격 제품을 구매할 것이라는 게 리퍼아이넨이 기대하는 바이다. 위스키가 입맛에 맞지 않을 수 있다는 위험 부담은 어쨌든 소비자 입장에서는 덜어낸 셈이니 말이다.

우리는 이런 사례로 위스키 생산이 장기적인 사업이라는 걸 다시 한번 깨닫게 된다. 일본을 떠올려보자. 지금이야 그들이 고품질 위스키를 만드는 주요 생산국으로 인식되지만, 20년 전만 해도 그들은 거의 관심을 받지 못했으며, 그보다 더 과거로 올라가면 신출내기에 불과하다며 무시당했다. 일본은 지금 서 있는 선망의 대상이 되는 자리를 차지하고자 오랜 세월 투자하고, 고생했다.

인도·호주·핀란드·대만 등 월드 위스키가 성공을 거두다

그렇다면 일부 신세계 위스키가 일본이 걸어온 길을 따라갈 수 있을까? 오늘날 세상은 이전보다 더 작아진 것처럼 보인다. SNS와 크게 늘어난 해외 여행의 영향으로 예상도 못한 곳들에서 나오는 온갖 물건(위스키뿐만 아니라)을 기꺼이 받아들이려는 성향도 눈에 띄게 늘어났다.

인도산 싱글 몰트위스키는 유럽 시장에서 뜻밖의 성공을 거뒀다. 초칼링검은 여러 요인이 있지만, 특히 이 점이 주요했다고 한다. "스코틀랜드에서 숙성된 위스키가 부족했기에 우리에게 그 간극을 메울 기회가 주어졌습니다." 하지만 그는 10년 안으로 인도산 싱글 몰트위스키가 일본 위스키가 그랬던 것처럼 인정받고 가치 있게 평가될 것이라고 예측했다. "수입사와 유통사는 이제 세계 위스키를 받아들이고 싶어 하는데, 이 카테고리가 성장 중이고 앞으로도 더욱 성장할 것이기 때문이죠."

데이비드 비탤리는 어느 정도까지만 그렇다고 경고했다. "소량 생산하는 신생 증류소라면 초기에 필요한 지원을 제공할 수 있는 인내심을 가진 유통사를 찾을 필요가 있어요." 하지만 말처럼 쉬운 일로 보이지는 않는다.

비용에 관한 경고의 말도 있다. "영업과 마케팅 활동 자금은 우리에게 부담이었습니다. 오늘날 같은 브랜드를 슬슬 확립하려고 하기 전까지 우리는 몇 년 동안 적자를 봤습니다." 초칼링검이 말했다. "암루트는 재정이 튼튼해서 견딜 수 있었지만, 신생 증류소에게 그 점은 힘들 겁니다."

데이비드 비탤리도 같은 맥락으로 말했다. "위스키 사업에 있어 명백한 난제는 흐름보다 앞서 투자를 하는 일이죠. 증류소를 운영하면 보통 지금 판매하는 것보다 더 많은 제품을 차후에 판매하게 되는데, 이러면 기세를 유지하게 하는 현금 유동성에 분명 문제가 생깁니다. 여기에 더해 브랜드도 구축하려고 노력해야 합니다. 위스키 판매에 있어 선택권은 어마어마하게 많지만, 단순히 상자에 위스키를 담아 보내는 걸로 끝나서는 안 됩니다. 적기에 올바른 장소에 위스키를 보내는 데 능숙할 필요가 있어요."

그렇다면 '올바른 장소'가 대체 무엇일까? 한 가지 전략을 소개하자면 지극히 소규모로 운영하고 지역 시장에 집중하는 것이 있다. 스타워드 증류소처럼 호주 멜버른에 토대를 둔 베이커리 힐 증류소Bakery Hill Distillery는 여러 해 동안 해외 시장을 넓혀보려는 시도로 영국과 프랑스에 제품을 보냈다. 하지만 오늘날 국내 시장의 수요와 관심이 늘어나는 바람에 그들은 빅토리아 주 밖으로는 실제로 단 한 병도 자사 제품을 보내지 않고 있다.

이언 벅스턴

"우리는 거대 증류업자와 경쟁할 수도 없고, 경쟁하지도 않습니다." 데이비드 베이커가 말했다. "하지만 그들이 채우지 못하는 시장의 틈을 찾는 거죠. 우리 제품은 고품질에, 사람 손을 거치고, 단일 오크통에서 나온 것만을 제공합니다. 수요가 어마어마해서 수출할 건 아무것도 남아 있지 않아요!"

베이커리 힐은 확장할 것이지만, 가족 사업인데다 외부 주주는 단 한 사람도 없다. 그들은 서둘러 그렇게 하려고 하지도 않는다. "덩치가 커지면 그만큼 문제도 더 생기죠." 베이커는 자사의 성공이 타당한 가격 책정과 지속적인 품질 유지 덕분임을 강조하며 이런 말도 남겼다. "소비자를 교육하는 일, 그게 바로 우리 사업에서 무척 중요한 부분입니다."

베이커리 힐에게 주어진 문제는 소유권 독립에 관련하여 타협하는 일 없이 지역 수요를 맞추는 일이다. 데이비드 베이커는 이렇게 말했다. "이 일은 대를 이어 할 일입니다. 우리는 이 일을 장기적으로 보고 있어요."

하지만 더 빨리 덩치를 키우고 싶어 하는 증류소들도 있다. 이런 측면에서 사례로 들 수 있는 건 베이커리 힐과 같은 호주 신생 증류소인 스타워드이다. 디아지오에서 흘러들어온 돈으로 생산량은 늘어났고, 해외 시장에 브랜드를 알릴 기회도 생겼다. 오늘날 스타워드 증류소의 제품은 영국의 전문 소매점에서 정규 제품의 경우 50파운드 정도로 구매할 수 있다. 이는 비교적 주류에 가까운 가격 책정이다. 신세계 위스키 제품 대다수는 높은 단가로 제공된다. 비교를 위해 예를 들면, 베이커리 힐의 싱글 배럴 제품은 빅토리아 주 소매점에서 500밀리리터 제품이 80파운드에 판매된다.

또 다른 비슷한 사례로는 핀란드의 티렌펠리Teerenpeli가 있다. 이 증류소는 라티Lahti에 있는 안시 피싱(티렌펠리의 CEO)의 식당 지하실에서 조용한 시작을 알렸지만, 오늘날 생산량 대부분을 도시 외곽에 있는 안시 소유 양조장과의 협업으로 생산한다. 그들은 자사가 핀란드에서 가장 큰 규모의 위스키 증류소라고 주장한다. 2002년에 대단치 않은 시작을 한 그들은 이제 10년 숙성 제품도 제공할 수 있으며, 미래에 그보다 더 오래 숙성한 위스키를 제공하고자 원액을 담아둔 오크통도 보유하고 있다.

피싱은 '위스키 생산과 관련하여 완전히 새로운 방식을 발명하고 배워야 했다'고 주장했다. 예를 들면 맥주 양조와 증류 작업의 결합, 혹은 컨테이너 안에서 진행되는 오크통 숙성이 그런 것이었다. 티렌펠리가 보여준 혁신적인 모습엔 우드 펠릿•으로 동력을 공급하는 보일러를 활용한 친환경 생산도 포함된다(핀란드에서 나무가 부족할 일은 없다!). 이런 조치는 브랜드의 친환경 기준에 부합하는 자격을 강화하고, 환경을 의식하는 소비자에게 좋은 인상을 남긴다. 대체로 피싱은 미래 전망에 관해 낙관적이다. 그는 특히 브랜드 구축과 마케팅에서 SNS를 활용할 수 있게 된 것을 무척 긍정적으로 봤다. 그 덕분에 소규모 브랜드가 대기업과 대등하게 경쟁할 수 있는 기회가 생겨났기 때문이다.

통 단위 판매 역시 성공 비결이었다. 이 덕분에 자금에 여유가 생겼으며, 브랜드에 관해 입소문을 퍼뜨릴 후원자 네트워크도 구축할 수 있었다. 피싱은 '지금까지 위스키에 익숙하지 않았던 소비자가 위스키에 더욱 관심을 보이게 하는' 매개체 역할을 핀란드 위스키가 할 수 있다고 생각한다. 그는 새로운 위스키의 등장이 새로운 위스키 생산자뿐만 아니라 전반적인 위스키 산업에도 실제로 도움이 될 것이라고 강력하게 주장한다.

신세대 생산자 중에서 규모가 가장 큰 축에 속하는 대만의 카발란도 15년까지는 아니더라도 그보다 약간 못 미치는 기간 동안 그런 주장을 해왔다. 일본 위스키가 전에 그랬던 것처럼, 그들이 이뤄낸 성공 대부분은 국제 무대에서 수상한 성과를 통해 얻은 신뢰성에 기인한다. 그들의 위스키

• wood pellet, 임업 폐기물이나 벌채목 등을 분쇄 톱밥으로 만들어 작은 크기의 원기둥 모양으로 압축하여 가공한 청정 목질계 바이오 원료.

는 수많은 수상 메달을 목에 걸었다.

카발란의 쾌활한 마스터 디스틸러 이언 창은 전 세계를 돌아다니며 여러 위스키 행사에 참여한 덕분에 낯이 익은 사람이다. 그는 이런 말을 남겼다. "우리는 불가능한 걸 시도했고, 그러던 중에 수도 없이 무시당했죠. 하지만 그래도 한 걸음 한 걸음 나아갔습니다. 상을 받을 때마다 우리는 세계에 내놓아도 손색이 없는 제품을 만들고 있다는 걸 더욱 확신하게 되었죠. 나아가는 걸음마다 우리를 지지하는 사람들도 조금씩 생겨났습니다. 그렇게 점진적으로 우리는 큰 지지 기반을 마련했고, 유통망을 확보했고, 전문가의 신뢰를 얻었으며, 고객층을 더 두껍게 구축했습니다."

카발란은 위스키 품질에 외골수처럼 집착한다. 특히 나무를 관리하는 기준은 그보다 더 엄격할 수 없다. 이는 처음엔 짐 스완 박사의 영향 때문이었지만, 이젠 이언 창과 소유주가 전폭적으로 이 방침을 따르고 있다. 최고의 조언을 받아들이는 건 쉽지만, 그것을 충실히 이행하는 건 아무나 할 수 있는 일이 아니다. 카발란은 이런 점에서 다른 곳이 본받을 만한 훌륭한 표본이다. 비록 사업이 상당한 규모로 발전하는 데는 소유주인 리티엔차이의 열정과 재력이 주된 역할을 하긴 했지만 말이다.

하지만 새로운 경지를 개척하는 일은 절대 쉬운 일이 아니다. "예전을 돌이켜 보면 '월드 위스키*'라는 건 아예 없었죠. 우리 위스키는 전통적인 위스키 생산지가 아닌 곳에서 생산된 물건이었어요. 더 나아가 기후마저 더운데 위스키라곤 만들어 본 적도 없는 대만에서 온 물건이었죠. 가망이라곤 없는 그런 위스키였습니다." 창이 말했다. "그러니 처음에 뭐라도 해 보는 게 얼마나 어려웠을지 쉽게 짐작하실 수 있을 겁니다."

카발란이 받은 많은 상은 영속적인 명성을 남겼고, 그로 인해 전 세계

* 옮긴이 주: 위스키 업계는 소위 'Big 5'라고 하는 주요 생산국을 스코틀랜드, 아일랜드, 미국, 캐나다, 일본으로 보고 있는데, 이 외의 국가에서 생산하는 위스키를 '월드 위스키'로 칭한다.

에 고객층이 형성되었다. 하지만 익명으로 남길 바란 한 영국 소매업자는 월드 위스키에 관해 흥미로운 의견을 밝혔다. "우리는 스웨덴 위스키를 상당히 많이 판매하고 있습니다. 하지만 영국을 방문하는 스웨덴인들 대다수가 그 물건을 고향에서 사지 못한다고 하더군요!"

국제적인 성공은 처음 나타난 걸로 판단해서는 안 된다. 어쨌든 월드 위스키에 어떤 결론이 나든 간에 나는 위스키 세계에 변화를 불러온 흐름을 형성하는 데 이바지한 초기 선구자들에게 경의를 표해야 한다고 생각한다. 결과가 좋든 나쁘든(나쁠 게 거의 없다는 게 내 생각이지만), 앞으로 모든 상황이 예전과는 절대 같을 수 없을 것이다!

(2019)

이언 벅스턴

스카치위스키 증류소 투어의 시대

베키 패스킨

위스키 증류소가 호기심 가득한 방문객을
일과를 방해하는 골칫거리로 여기던 게
그리 오래전 일은 아니다.
하지만 오늘날 위스키 관광객은
귀빈 대접을 받고 있으며,
투어는 모두의 취향을 만족시키고자
맞춤으로 제공되고 있다.

19세기 말에 앨프러드 바너드가 영국 위스키 증류소를 여행할 때는 기념품점 같은 건 전혀 없던 시절이다. 당시 증류소들은 불시에 찾아온 방문객들을 즐겁게 해주기보다는 위스키를 만드는 일을 중시했다. 실제로 증류소 부지에 손님이 나타나는 건 귀찮은 일이었다. 증류소 책임자가 손에서 일을 놓아야 했기 때문이다.

1960년대에 스페이사이드의 글렌파클라스, 글렌피딕, 글렌리벳 증류소가 방문객 센터를 열기 전까지는 위스키 관광업의 잠재력은 인식되지 못했다. 하지만 인기 있는 관광 경로에 있는 더 많은 증류소가 방문객 센터를 만들었다. 1999년이 되자 44곳의 증류소가 방문객 시설을 제공했다. 하지만 스카치위스키 생산자들이 생산과 더불어 방문객 관광을 증류소 운영 핵심 사항으로 여기기 시작한 건 고작 10년밖에 되지 않았다. 스코틀랜드엔 현재 122곳의 싱글 몰트 증류소가 운영 중인데, 절반 이상이 방문객 센터를 대중에게 개방하거나 혹은 예약을 하고 방문할 수 있다. 이제 증류소들은 위스키만 만들지는 않는다. 그들은 기억에 남을 경험을 선사하는 일로 사람들이 브랜드에 얼마나 강하게 연결되는지 그 위력을 잘 알고 있다.

하지만 왜 지금에 와서야 그런 걸까? "스카치위스키에 대한 관심이 분명 더 늘어난 것도 있죠. SNS가 그걸 돕기도 했고요." 에든버러 로열 마일에 있는 스카치위스키 익스피리언스The Scotch Whisky Experience의 최고 책임자 수잔 모리슨이 말했다. "관심도 더욱 커진 데다 전문가들에게 접촉하기도 쉬워졌어요. 사람들이 위스키에 관해 말하게 된 거죠. 스카치위스키에 사람들이 더욱 흥미를 느끼게 됐다는 뜻이에요. 일단 사람들은 타오르기 시작하면 더 많이 배우고, 더 많이 경험하고자 하는 열의가 생기게 돼요. 그러면 증류소도 방문하게 되고, 관심은 굴러가는 눈덩이처럼 점점 커지게 되는 거죠."

스카치위스키 증류소는 총체적으로 봤을 때 현재 영국에서 가장 많은 사람이 들르는 관광 명소 중 하나이다. 2017년 동안 190만 명 이상의 사람들이 증류소에 들렀다. 전년도와 비교하면 11%가 증가한 것이다. "흥미진진한 시기죠." 스카치위스키협회의 최고경영자 캐런 베츠가 말했다. "스카치위스키 증류소들은 세계적인 수준의 방문객 시설을 제공하고자 각자의 부지에 거액을 투자하고 있습니다. 이는 스코틀랜드 전역에서 보이는 현상이죠. 그들은 새로운 위스키 관광 코스를 만들고, 영국은 물론 해외 관광객들에게 스카치위스키의 이야기를 전하는 새로운 방식을 찾고자 협력 중입니다."

스코틀랜드 증류소에 가장 많이 들르는 방문객은 독일인과 미국인이다. 두 나라는 업계에서 중요한 수출 시장이기도 하다. 그 뒤를 인도, 중국, 일본이 따르고 있다. 중국 방문객들은 스카치위스키 익스피리언스를 워낙 많이 이용하므로, 투어에 표준 중국어와 광둥어 통역사를 둔다. 그 어느 때보다도 많은 해외 방문객들이 스코틀랜드로 모여들어 증류소 경험을 추구하는 현상은 우연이 아니다. 비지트스코틀랜드*와 머리 스페이사이드 투어리즘Moray Speyside Tourism 같은 조직은 지역에 방문객을 끌어들이고자 마케팅 투자 비용을 늘렸는데, 이는 성공을 거둔 듯하다. 직전 연도와 비교했을 때 2017년엔 방문객이 5만 명이나 늘었다. 해당 지역 관광업에서 가장 급등한 수치였다.

비지트스코틀랜드의 머리 스페이사이드 지역 책임자 조 로빈슨은 위스키가 방문객에게 매력적인 대상이지만, 방문을 유도하는 건 스코틀랜드의 전반적인 매력이라고 한다. "위스키는 고액 상품이어야 합니다. 특히 스페이사이드 브랜드는 세계적으로 알려져 있으니까요. 최근 몇 년 동안 위스키 경험과 호화로운 상품을 패키지로 만들려는 노력이 늘어나고 있습니

* VisitScotland, 스코틀랜드의 국가 관광청.

다. 그래서 위스키 판매는 이제 단순히 하나의 경험이 아닌 셈이죠. 그 지역의 것을 경험하는 일도 함께하게 되는 겁니다. 그 지역에서 생산한 음식과 음료, 숙박 시설 등을 같이 누리는 거죠."

관광 수익이 스카치위스키 업계에 무척 중요해진 지금, 증류소를 형태와 기능 양면에서 세계적 수준의 관광 명소로 탈바꿈하는 데 투자하는 비용은 전에 없을 정도의 수준이다. 지난 5년 동안 증류소들은 방문객을 위한 관광 체험을 만들어내는 데 5억 파운드 이상을 투자했다.

증류소 투어가 전문 산업으로 성장하다

2018년 4월 디아지오는 1억5천만 파운드 투자 계획을 발표했다. 그들은 기존 열두 증류소의 방문객 센터를 개선하고, 곧 다시 개장할 브로라와 포트 엘렌 부지에서 전문적인 경험을 할 수 있도록 하는 일은 물론, 에든버러에 조니 워커 브랜드를 위한 글로벌 브랜드 홈을 지을 것이라고 했다. 발표 당시 디아지오 글로벌 스카치위스키 책임자인 크리스티나 디에스한디노는 이렇게 말했다. "전 세계의 새로운 소비자 세대가 스카치위스키에 반하고 있으며, 그들은 스카치위스키를 만드는 곳에서 그것을 만드는 사람과 함께하는 경험을 바라고 있습니다. 이런 투자는 전 세계 사람들을 스코틀랜드로 끌어들일 것이고, 그들은 고향으로 돌아가 스카치위스키와 스코틀랜드를 대표하는 종신 앰배서더가 될 것이라고 확신합니다."

에드링턴도 마찬가지로 스페이사이드의 맥캘란 증류소에 1억4천만 파운드를 들여 새로운 증류소를 지었다. 생산량을 더 늘려야 한다는 필요성을 느꼈기 때문이다. 이미 빅토리아 시대의 모습을 잃은 증류소에 또 다른 증류기실을 추가하면 증류소 자체가 엉망이 될 것이었고, 그렇게 하는 건 맥캘란이라는 고급 브랜드와 맞지 않는다는 게 에드링턴의 생각이었다. 따라서 그들은 독립적이고, 일체식 구조로 된 새로운 증류소를 지하에 세우기로 했다. 건축, 기술, 방문객 체험 측면에서 맥캘란의 새로운 증류소는 전통적인 증류소 설계와 그 방향이 완전히 달랐고, 따라서 그런 방향을 예상했던 이들은 혼란에 빠질 수밖에 없었다. "우리가 해낸 일은 모두에게 환상적일 겁니다." 맥캘란 브랜드 팀 프로젝트 매니저인 아델 조이스가 말했다. 그녀는 방문객 체험에 관한 모든 일을 맡은 책임자였다. "이젠 맥캘란 증류소엔 위스키뿐만 아니라 토목과 건축에도 관심 있는 사람들이 많이 방문할 겁니다. 건물을 보러 온 사람들이 위스키에도 매료되어 이에 연관된 더 많은 걸 알고 싶어 하게 되는 게 저희가 바라는 바죠."

보통 증류소 투어는 방문객들을 데리고 생산 시설을 둘러보는 것으로 진행되는데, 그동안 방문객들은 맥캘란의 '식스 필라스•'를 대표하는 시설과 교류하게 된다. 맥캘란 방문객 센터의 교육적인 요소는 증류기와 워시백에 몰두하는 것만으로도 이미 혁신적이라고 할 수 있다. 각각의 시설은 맥캘란의 브랜드 철학을 더욱 흥미롭게 만드는데, 이 과정에서 방문객들은 공중에 떠 있는 작은 원액 방울을 바라보거나, 움직이는 오크 숲을 거닐며 오크통이 그을릴 때 생겨나는 온기를 느끼게 된다.

"건물에 있는 모든 게 다 깊이 생각하고 마련된 것입니다. 기념품점 선반 디자인조차 여기서 벗어나지 않아요. 선반은 새 오크와 살짝 그을린 오크로 만들었습니다. 기념품에서도 오크통에 관한 이야기를 계속할 수 있게 한 거죠. 방문객은 기념품점 직원들과 이를 통해 연결될 수 있습니다." 조이스가 말했다. "모든 것에 세세한 사항이 있습니다. 우리에겐 상징적인

• 옮긴이 주: six pillars, 여섯 기둥이라는 뜻으로, 맥캘란 증류소에서 자사 위스키 품질을 지탱하는 여섯 가지 요소를 이렇게 부른다. 본사 건물인 이스터 엘치스 하우스, 작은 증류기, 최고의 원액, 탁월한 오크통, 자연적 색상, 타의 추종을 불허하는 위스키가 식스 필라스에 해당된다.

구조와 상징적인 브랜드가 있어요. 그러니 그 둘을 아우르는 상징적인 본거지가 있는 건 당연합니다. 이 본거지는 훗날 그 내부에 굉장히 대단한 것이 있는 훌륭한 건축물로 언급되겠죠."

증류소와 관광 명소 사이의 경계를 흐릿하게 한 또 다른 증류소로는 에든버러에 문을 연 홀리루드 증류소Holyrood Distillery가 있다. 180년 된 2층짜리 철도 기관차고 폐건물을 인수한 홀리루드 증류소는 방문객들을 다채로운 풍미 탐구에 몰입하게 할 것이다. 이 증류소의 영업 및 마케팅 이사인 빌 퍼라는 처음부터 시작했기에 방문객 체험에 맞춰 증류소 계획을 짤 수 있었다고 했다. "관광 측면에 맞춰 운영 측면을 계획할 수 있었기에 계획이 무척 흥미롭고 사리에 맞을 수 있었죠. 우리는 풍미에 전념한 증류소를 짓고 싶습니다. 더불어 최대한 많은 사람이 편하게 위스키에 접근할 수 있게 하고 싶고요."

홀리루드는 스카치에 관련 지식이 거의 없는 사람들을 위해 생산 과정에서 설명을 간단하게 할 계획이다. 그리고 브랜드에 쓰이는 다양한 효모 종이나 보리 종에 관한 질문 같은 좀 더 어려운 질문에 답변할 전문가가 늘 방문객들 곁에 있을 것이다. "방문객 체험에 관한 계획은 싱글 몰트위스키에 열광하는 사람을 위주로 하기보다 폭넓은 방문객 층을 위한 방향으로 나아갈 겁니다. 하지만 전자에 해당하는 사람이라면 우리 증류소의 특이한 점이나 차이를 전부 알 수 있도록 전문적인 답변도 제공할 겁니다. 방문객은 스모키한 위스키, 달콤한 위스키, 스파이시한 위스키를 경험할 수 있고, 그중에 무엇이 가장 자신한테 잘 맞는지 결정할 수 있을 겁니다. 투어를 마친 방문객이 기념품점에서 위스키를 한 병 구매한다면 우리는 더욱 기쁠 거고요."

방문객 체험은 본질적으로 브랜드를 위한 거대한 진열장과 같다(증류소는 결과가 기념품점에서 바로 나타나길 기대하겠지만). 따라서 증류소

베키 패스킨

에 판매할 재고가 있고 없고를 떠나 신뢰성이 무척 중요하다. 아드네머켄, 린도어스 애비, 눅니안 증류소를 설계한 오가닉 아키텍츠의 이사 개레스 로버츠는 브랜드에 관한 이야기는 새로운 증류소 설계의 시작점을 형성한 다고 생각한다. "오늘날 사람들은 정말로 브랜드를 많이 인식합니다. 증류 소, 특히 우리가 작업 중인 증류소는 처음부터 증류소를 브랜드 홈으로 만 들 생각을 하고 있습니다." 그가 말했다. "그들은 건물에 브랜드를 손상시 킬 수 있는 어떤 일도 해서는 안 된다는 걸 무척 잘 알고 있습니다. 또한 그 들은 나타내고자 하는 브랜드의 특성과 증류소 건물, 디자인, 투어, 구경거 리, 방문객 센터가 하나로 어우러지도록 확실히 손을 써야 한다는 것도 잘 알고 있습니다." 린도어스 애비 증류소Lindores Abbey Distillery의 브랜드 특성은 그곳의 증류 전통과 연관된 수도원과 증류소 자체의 물리적인 관계이다. 로버츠는 다음처럼 말했다. "린도어스 애비에서 우리는 수도원이 내려다 보이는 큰 유리창에 증류소를 설치함으로써 존 코어 수도사와 수도원에 관한 이야기를 증류소와 연결했죠. 그런 작업을 함으로써 500년 전부터 내 려오는 전설적인 이야기가 완성된 겁니다. 우리는 모두 디자이너로서, 시 간을 들여 증류소를 들르는 방문객에게 멋진 경험을 제공할 의무가 있습 니다•."

스카이 섬의 토라바익 증류소를 운영하는 모스번 디스틸러스의 상무 이사 닐 매티슨은 관광객이 특히 마케팅 예산이 부족할 때 새로운 브랜드 확립에 더욱 필수적인 요소라고 말한다. "관광객은 브랜드 확립에 아주 중 요합니다. 일종의 사도를 만들지 않으면 증류소의 입소문을 퍼뜨릴 수 없 어요. 싱글 몰트위스키 증류소가 마케팅 예산이 많거나, 혹은 유통할 명확

• 옮긴이 주: 로버츠의 이야기만 보면 아직 수도원이 남아 있는 듯하나, 현재 존 코어가 있었다는 수도원은 잔해만 남은 상태이다. 존 코어에 관해서는 제임스 4세가 1494년 8볼(약 508킬로그램)의 맥아로 '생명의 물(오늘날 위스키의 원형 같은 술)'을 만들 것을 편지로 지시했다는 역사적인 기록이 남아 있다.

한 경로가 있는 게 아니라면 제 생각엔 사람들에게 증류소 소개를 하고 위치를 알려 찾아올 수 있도록 노력해야 합니다."

증류소의 형태, 디자인과 별도로 방문객 체험에서 가장 중요한 측면은 제공하는 투어가 좋은지 나쁜지 여부이다. 회사들은 입이 떡 벌어지고 여러 감각을 일깨우는 경험을 만들고자 수백만 파운드를 투입하지만, 제공하는 정보의 질이 우수한지, 또 그런 정보를 다른 지적 수준을 지닌 방문객들에게 어떻게 맞춤으로 전달할 수 있는지를 간과해서는 안 된다. "클라이드사이드 증류소Clydeside Distillery에서 중요하게 여기고, 또 집중하려고 노력하는 부분은 바로 투어 가이드의 자질입니다." 글래스고에 위치한 클라이드사이드 증류소 회장 팀 모리슨이 말했다. "투어 가이드는 브랜드를 표현하고, 투어를 흥미롭게 하고, 방문객을 투어와 혼연일체가 되게 하는 일을 진행하는 데 있어 중심부에 있는 사람입니다. 그들은 풍부한 지식과 유려한 발표 능력을 갖추고 방문객을 따뜻하게 환대해야 하므로 실로 중요한 임무를 맡고 있는 겁니다. 브랜드는 증류소와 동의어입니다. 방문객에게 형편없는 서비스를 제공했다면 브랜드로 흐뭇할 일은 없다고 봐야죠."

오늘날 방문객 투어는 생산 과정에 관한 기초적인 설명을 들려주고 마지막에 위스키 한 잔을 제공하는 간단한 일이 아니다. "지난 10년 동안 확실히 관광객들이 더 많은 경험을 기대하는 걸 알게 되었습니다. 브랜드에 완전히 몰입하고자 하는 게 보였습니다." 디아지오 방문객 센터 마케팅 매니저 케이티 워가 말했다. "그들은 우리 투어 가이드에게서 개인적인 이야기나 재미있었던 이야기를 듣는 걸 좋아합니다. 소비자들은 먹고 마시는 것이 어디에서 났는지 이전보다 더 많이 의식하고 있습니다. 그들은 즐겁기도 하면서 배울 수도 있는 경험을 추구하고 있죠." 원액의 초류와 후류 향을 맡는 간단한 경험을 제공하든, 지역 음식과 음료 생산자도 함께 알아보는 폭넓은 경험을 제공하든 증류소는 부가 가치 제공이라는 측면

베키 패스킨

에서는 절대 안주해서는 안 된다.

적어도 14곳의 스코틀랜드 증류소가 2년 안에 가동될 것이다. 그중 대다수는 공개적으로 방문객을 받아들일 테지만, 일반적인 방문객과 위스키 애호가 모두에게 똑같이 매력적이어야 관광 명소로 성공할 수 있을 것이다. 아델 조이스는 이런 말을 남겼다. "방문객 체험을 개선하고자 무엇이든 하려는 업계 관계자가 있다면, 업계 전반적으로 득이 되면 됐지 해가 되는 일은 없습니다." 모든 신생 증류소가 계속 방문객을 운영 중심에 두게 된다면, 위스키 팬에게 남는 유일한 문제는 어디를 먼저 방문하느냐가 될 것이다.

(2019)

토킹 어바웃: 위스키

초판 1쇄 발행 2020년 3월 16일
초판 2쇄 발행 2023년 2월 16일

지은이   찰스 머클레인, 조니 머코믹, 베른하르트 쉐퍼, 닐 리들리, 개빈 D 스미스, 마흐티느 누에,
         도미닉 로스크로, 이언 위즈뉴스키, 이언 벅스턴, 베키 패스킨
옮긴이   이재욱
펴낸이   정상우
편집   이민정
디자인   옥영현
관리   남영애 김명희

펴낸곳   오픈하우스
출판등록   2007년 11월 29일 (제13-237호)
주소   서울시 은평구 증산로9길 32(03496)
전화   02-333-3705
팩스   02-333-3748
페이스북   facebook.com/openhouse.kr
인스타그램 instagram.com/openhousebooks

ISBN 979-11-88285-75-4 03590

이 도서의 국립중앙도서관 출판예정도서목록(CIP)은 서지정보유통지원시스템 홈페이지
(http://seoji.nl.go.kr)와 국가자료공동목록시스템(http://www.nl.go.kr/kolisnet)에서 이용하실 수 있습니다.
(CIP제어번호: CIP2020005490)